广视角·全方位·多品种

权威·前沿·原创

皮书系列为
"十二五"国家重点图书出版规划项目

碳市场蓝皮书

BLUE BOOK OF
CARBON MARKET

中国碳市场报告
（2014）

ANNUAL REPORT ON CHINA'S CARBON MARKET
(2014)

低碳发展国际合作联盟

主　　编／宁金彪

执行主编／钟　青

社会科学文献出版社
SOCIAL SCIENCES ACADEMIC PRESS（CHINA）

图书在版编目（CIP）数据

中国碳市场报告. 2014/宁金彪主编. —北京：社会科学
文献出版社，2014.11
（碳市场蓝皮书）
ISBN 978 - 7 - 5097 - 6670 - 5

Ⅰ.①中⋯　Ⅱ.①宁⋯　Ⅲ.①二氧化碳 - 废气排放量 -
市场分析 - 研究报告 - 中国 - 2014　Ⅳ.①X510.6

中国版本图书馆 CIP 数据核字（2014）第 242055 号

碳市场蓝皮书

中国碳市场报告（2014）

主　　编/宁金彪
执行主编/钟　青

出 版 人/谢寿光
项目统筹/邓泳红　吴　敏
责任编辑/吴　敏

出　　版/社会科学文献出版社·皮书出版分社（010）59367127
　　　　　　地址：北京市北三环中路甲 29 号院华龙大厦　邮编：100029
　　　　　　网址：www. ssap. com. cn
发　　行/市场营销中心（010）59367081　59367090
　　　　　　读者服务中心（010）59367028
印　　装/北京季蜂印刷有限公司

规　　格/开 本：787mm × 1092mm　1/16
　　　　　　印 张：14　字 数：180 千字
版　　次/2014 年 11 月第 1 版　2014 年 11 月第 1 次印刷
书　　号/ISBN 978 - 7 - 5097 - 6670 - 5
定　　价/69.00 元

皮书序列号/B - 2014 - 399

低碳发展国际合作联盟简介

低碳发展国际合作联盟（简称"低碳联盟"）是由华能碳资产公司、ABB 等机构于 2013 年 8 月 20 日发起成立的，现有成员单位 70 余家。何建坤、叶连松、张群生、贺瑞凯（瑞典）担任名誉理事长，花旗集团管理委员会委员、亚太区主席章晟曼先生担任理事长。

低碳联盟拟通过低碳领域的广泛国际合作，促进低碳经济、社会、技术发展。主要通过创新，运用市场机制集聚国内外低碳产业资源，通过搭建信息交流平台、发起设立低碳投资基金、创建低碳产业项目库、加强人才及技术合作，实现成员单位之间资源互补、业务协同和市场拓展，提升成员单位的市场竞争力和可持续发展能力，共同为中国乃至世界的低碳事业做出应有贡献。低碳联盟的秘书处设在华能碳资产经营公司。该公司是全球最大的发电企业——华能集团的全资子公司，是目前国内最大的碳资产经营公司。

低碳联盟秘书处联系方式：010－63081956

低碳联盟网站：www. lcdica. org

摘　要

　　近年来，中国靠资源消耗的发展模式不可持续的观点已经被广泛接受。应对气候变化在中国成为转变经济增长方式的重要组成部分。中国单方面承诺了强度减排的目标，并积极参与国际应对气候变化的谈判。在减排政策工具的选择方面，中国正通过卓有成效的 7 省市碳交易试点逐渐走向碳排放权交易的制度选择。在试点碳交易运行的基础上逐渐形成全国统一的碳交易市场。

　　从国家层面到地方层面，立法机关和政府部门逐步进行了有关立法和行政规范性文件的发布工作，初步建立了碳交易的基本制度框架。各试点地区的法律和制度框架各有特色，但在总量确定上都基本遵守国家关于强度减排的地区分解指标。强度减排指标意味着试点地区的配额总量的绝对值在一定时期内可能处于上升通道，是一个带增量的总量控制系统。

　　经过两年左右的准备，从 2013 年 6 月深圳市场率先开市到 2014 年 6 月重庆市场开启，标志着我国 7 省市 12 亿吨配额总量、涵盖 2247 家控排企业的试点碳市场全面启动。截至 2014 年 8 月 29 日，各试点地区二级市场总成交量 1300 余万吨，总成交金额 5 亿元；一级市场（广东省）成交量 1100 万吨，成交金额 6 亿元。2014 年 6～7 月，除重庆和湖北两地没有履约任务外，其余 5 个试点地区均进行了初次履约，总履约率如以企业数计算达到 97% 以上，以配额上缴率计算则接近 100%。中国的碳交易试点工作基本

达到预期的效果。

各地试点工作也存在一些问题。例如，政策的透明度、稳定性、信息公开方面有待提高，市场流动性较差、过于突出的季节性交易、CCER抵消政策导致的市场分割等。

各试点地区发放的免费配额约占12亿吨总量的99%。在配额分配上，对于电力行业普遍采取了根据实际发电量调整配额的政策。对于非电力行业，北京、天津、上海和广东不在年底调整配额，而重庆、深圳将根据实际产量（产值）调整配额，湖北则可以在产量变化较大时申请调增配额。

从单个试点地区的政策看，北京市将非企业单位纳入控排范围，并将节能量折算的减排量纳入可抵消用的碳减排量中，进行大胆的尝试；上海市的制度设计保障了市场表现比较稳定，并在开市前将所有制度先期公布；天津市采取了有特色的订单成交方式；重庆市将电力行业的上网电量产生的排放部分根据一定的方式进行扣除，且没有安排政府调控用的储备配额，降低政府干预的可能性；深圳市采取对所有行业都按照强度减排指标进行配额调整的方式，并积极探索引入投资机构增加市场流动性的手段；广东省是唯一采用一定比例有偿拍卖的地区，取得了有益的经验；湖北省的配额总量控制较严，市场流动性较好。这些政策各有特色，其效果有待观察。

从市场表现看，各地配额价格出现了明显的差异。最高价格出现在深圳市场，曾达到130.9元/吨；最低价出现在天津，每吨17元。成交表现出强烈的季节性特点，履约期前的单日总成交曾经突破70万吨，而开市后一段时间及履约期后则成交较少，甚至长时间出现近零成交。重庆市从开市以来，除了首日政府撮合的交易外，尚未出现一笔二级市场的成交。CCER因为在2013年履约期前尚未出现签发量，且国家登记簿也未上线，二级市场没有成交，仅有零星的协议成交。因为抵消政策带来的市场分割，CCER 的二级市场可能将出现明显分化。

关键词： 气候变化　碳排放权　碳交易　碳配额　CCER
试点碳市场

Abstract

It has been a widely accepted opinion that economic development by way of heavy dependence on natural resources is not sustainable for China and coping with climate change has also become an inseperated part of the change of growth model. China unilaterally promised a GHG reduction goal based on emission intensity of GDP and started to play an active role in international negotiations on climate change. Following the 7 – pilot successful operation, China has embarked on a road to ETS.

Legislatures and administrative branches both at the national and pilot level have step by step drafted, promulgated and put into effect various sets of laws and regulations, establishing a preliminarily complete framework for ETS. All the 7 pilots have different characteristics but generally stick to the basic rule of setting the cap and allocating the allowances according to their respective goals of emission intensity of GDP stipulated by the State Council. Consequently, the absolute amount of the 7 pilot-caps is going to climb slightly in the next coming years, featuring a cap-and-trade system with an increasing annual cap.

With Shenzhen Special Economic Zone ETS the debutante in June 2013 and Chonqing ETS lastly launched in June 2014, the Seven Sisters represent an overall Chinese ETS market of an annual cap of 1. 2 billion tons, covering 2247 industrial emitters. As of August 29, 2014, the trade volume of secondary markets reached 13 million tons or 500 million RMB in amount. Auction market in Guangdong pilot turned out 11 millions tons of over 600 million RMB. Except for Chongqing and Hubei whose compliance cycles are not due until next June, the other 5 pilots witnessed a first compliance in the history of China's ETS. About

97% of covered emitters surrendered their allowances with a very close to 100% of all certified emission. It is a good start for China's ETS.

A lot of issues have also been reported in the 7 pilots, among others, the transparency and stability of policies and information, poor liquidity of the markets, outstanding seasonal trading and the separated and thus isolated CCER markets due to the various restrictions to the use of CCER offset.

Free allocation of allowances accounts for 99% of the overall cap of the 7 pilots. For power sector, except for Guangdong in 2013 compliance year, all the pilots have adopted a methodology of allowance allocation based on actual amount of electricity generation. In terms of other industries, emitters in 4 pilots (Beijing, Tianjin, Shanghai and Guangdong) do not have the opportunity to get more allowances should their actual production turn out to be bigger, while companies in 3 pilots (Chongqing, Shenzhen and Hubei), although subject to certain limitations, are entitled to an amount of extra adjusted allowances based on the actual production of the individual emitter.

Different policies have led to different market behavior in the 7 pilots. In Beijing pilot, the authority has non-enterprises emitters (governmental buildings and public zoos for instance) covered in the ETS and emission reduction from Certified Energy Saving Projects are qualified as offset, which is a very interesting experiment. Local authorities in Shanghai pilot have passed and published all the relavent legal documents before launching the market in November 2013, promising a more transparent and stable market. In Tianjin, the transaction model is so unique that it can practically accommodate forward contracts. Chongqing pilot has claimed that the local government does not have the intention to aquire additional administrative influential power over the market by not adopting a governmental reserve allowances as generally accepted by other pilots and releases power plant the burden of the emission of the electricity power

uploaded to the grid, consequently avoiding double calculation. Shenzhen has adopted an allocation rule strictly based on the emission intensity of value-added production which in effect entitles every emitter a pre-compliance adjustment of free allowances and a very friendly Qualified Investor Rule, aiming at a better market liquidity. Guangdong is the only pilot that has a mandatory percentage of allowance auctioned for all the covered emitters in 2013. Hubei has the best liquidity so far among all the 7 pilots and the most strigent allocation thus a large scale of carbon exposures for the local emitters.

Price spreads are so big that the highest reaching 130. 9 RMB/ton in Shenzhen and lowest 17 RMB/ton in Tianjin. The most outstanding feature of the markets behavior is the so-called seasonal trading. During the several weeks prior to the compliance date, trade volume has reached a stunning 700, 000 tons per day and most of the markets have been witnessing near zero trade volume for several months after often crowded and exciting launching ceremonies. There has been no secondary transaction reported ever since Chongqing pilot opened its door. Dormant CCER market reported several contracts negotiated among market players but no secondary transaction since first tonnage of CCER is not to be issued by NDRC until the fourth quarter of 2014. Although CCER is widely regared as the salvation of an already-separated Chinese ETS market as its regulation comes from the national level, the numerous restrictions on the use of CCER offset in the pilots pose an eminent threat to Chinese ETS and people could be looking at a very different CCER prices in the 7 pilots.

Keywords: Climate Change Carbon Emission Right; Carbon Allowance; Emission Trading System; CCER; ETS Pilot

目 录

𝔹Ⅲ 附 录

皮书数据库阅读使用指南

CONTENTS

B I   General Reports

B II   Pilots' Market Reports

Ⅱ Ⅲ Appendixes

总 报 告

General Reports

B.1

中国的碳交易之路：中国碳市场建设概况

摘 要：

中国虽然是发展中国家，面临发展的首要任务，但也极为重视温室气体减排工作。在国际谈判方面，中国经历了一个从观察准备到主动单方面承诺强度减排目标的立场变化过程，并积极开展一系列包括CDM机制在内的国际减排合作。在碳税、能源消耗总量控制和碳交易这三个政策选择上，碳交易模式已经成为中国主要的减排制度，以使市场在减排工作中起到决定性作用。碳交易的减排效果更为确定，外部约束较小，也有利于中国提高"碳话语权"，同时开展碳交易的基础条件也已经具备。中国的碳市场建设在时间维度上大致经历了一个单边参与到国

内自愿减排量交易，再到碳排放配额交易为主的碳市场建设过程，体现了立法引领下使市场最终发挥决定性作用的思路；在地域维度上，中国碳市场建设将从少数省市试点到建立全国统一市场，进而与国际碳市场接轨；在产品维度上将由单一现货交易逐渐发展到期货交易、期权交易和其他衍生交易品种并存的阶段。

关键词：

中国　碳税　能源消耗总量控制　碳交易模式

中国虽然属于发展中国家，但也较为重视温室气体减排工作，积极参与应对温室气体的国际合作。在国际层面，中国在发展中国家中较早地签署和批准了《联合国气候变化框架公约》及其《京都议定书》，严格履行《联合国气候变化框架公约》规定的初始国家信息通报等义务，逐步建立和完善了温室气体基础数据统计和排放核算标准和制度，积极参与清洁发展机制项目，建设性参加国际气候变化问题谈判，并与美国、德国、加拿大、英国、挪威、日本、瑞士、意大利等国家和联合国开发计划署、亚洲开发银行、世界银行、全球环境基金等国际组织在应对气候变化能力建设领域开展了卓有成效的合作。

在国内层面，国务院成立了"国家气候变化协调小组"和国家应对气候变化及节能减排工作领导小组，由国务院总理任组长，相关20个部门的部长为成员，国家发展和改革委员会承担领导小组的具体工作。2008年发改委设置应对气候变化司，负责统筹协调和归口管理应对气候变化工作。2010年，在国家应对气候变化领导小组框架内设立协调联络办公室，加强了部门间的协调配合，充实了国家气候变化专家委员会，提高了应对气候变化决策的科学性。中国各省级政府都建立了应对气候变化工作领导小组和专门工作机构。在建立和完善管理体系的基础上，中国修订和制定了一系列与应对气候变化和节能减排有关的法律和政策，[①] 提出了降低能源消耗和二氧化碳排放水平的约束性指标，采取减缓和适应并行的温室气体应对策略，通过实施以能源结构优化和产业结构调整为核心的低碳发展政策，大幅降低了单位GDP能耗和温室气体能耗水平。2012 年全国单位 GDP 二氧化碳排放较 2011 年下降 5.02%。[②]

中国的碳市场建设在时间维度上，大致经历了一个单边参与国际碳市场交易（即参与清洁生产机制）到国内自愿减排量交易，再到碳排放配额强制交易为主，并与自愿减排量交易相结合的碳市场建设过程，体现了立法引领下使市场最终发挥决定性作用的思路；在地域维度上，中国碳市场建设将从少数省市试点到建立全国统一市场，进而与国际碳市场接轨；在产品维度上，中国碳市场将由单一现货交易逐渐发展到期货交易、期权交易和其他衍生交易品种并存的阶段。

---

① 中国目前已经制定或修订《可再生能源法》《循环经济促进法》《节约能源法》《清洁生产促进法》《水土保持法》《海岛保护法》等相关法律，颁布《民用建筑节能条例》《公共机构节能条例》《抗旱条例》，出台《固定资产投资节能评估和审查暂行办法》《高耗能特种设备节能监督管理办法》《中央企业节能减排监督管理暂行办法》《温室气体自愿减排交易管理暂行办法》等规章，发布了《国民经济和社会发展第十二个五年规划纲要》《"十二五"控制温室气体排放工作方案》《可再生能源中长期发展规划》《核电中长期发展规划》《关于加强节能工作的决定》《关于加快发展循环经济的若干意见》等重要政策文件。详见国务院《中国应对气候变化国家方案》"三、第五"，国务院新闻办公室《中国应对气候变化的政策与行动（2011）》"三、（二）"等。与此同时，国家应对气候变化立法工作取得了重大进展，已经形成初步立法框架，许多地方政府也制定了"十二五"应对气候变化的总体规划和专项规划，部分省市还制定了相应的地方立法，如山西、青海制定了《应对气候变化办法》，四川、江苏的立法工作稳步推进。详见国家发改委《中国应对气候变化的政策与行动 2013 年度报告》，第 6～7 页。
② 国家发展和改革委员会：《中国应对气候变化的政策与行动 2013 年度报告》，第 4 页。

一　中国关于国际气候谈判的立场和观点

日益严峻的温室效应严重威胁到人类的生存和发展，引起了各国和国际社会的高度重视。为了抑制人类活动产生的温室气体的过度排放，应对气候异常变化，联合国在 1992 年地球首脑会议上通过了《联合国气候变化框架公约》，目的在于对"人为温室气体"的排放作出全球性限制的宣示。为落实限制温室气体排放要求，1997 年12 月在日本东京举行《联合国气候变化框架公约》第三次缔约方大会，通过了具有法律约束力的《京都议定书》，根据"共同但有区别的"基本原则，为发达工业国家缔约方和发展中国家缔约方设定了不同义务，前者承担强制性减排义务，后者不承担强制性减排义务，但必须履行定期更新并发布国家清单、数据统计、信息通报等义务。

中国很早就开始参与国际气候变化谈判，随着对应对气候变化问题认识的深入和国力的增强，中国参加气候谈判的立场和态度发生了很大的变化，大体可以分为以下三个阶段。

（一）第一阶段：从《联合国气候变化框架公约》谈判到其生效

由于受到资金、技术、能力及政府关注重心的限制，在技术层面上绝大多数气候变化的监控数据和测评报告是由发达国家的气象和科研部门提供，中国缺乏自己的研究和监测数据，谈判准备不充分，大会发言少，针对性不强，但中国仍积极广泛地参与各个级别和层次的磋商与会谈。

（二）第二阶段：20 世纪 90 年代中期至 2002 年

这一阶段，中国参与国际气候谈判的立场和态度日趋谨慎和保守，有两方面的原因：一方面是中国对气候问题的认知发生了较大程度的变化。中国日益清醒地认识到应对气候变化不仅关系到《联合国气候变化框架公约》确立的"将大气中温室气体的浓度稳定在防止气候系统受到危险的人为干扰的水平上"目标的实现，而且直接影响到各个国家尤其是发展中国家国民经济的发展和人民生活水平的提高；另一方面，西方国家借应对气候变化来控制和遏制发展中国家的发展，自觉和不自觉地把气候问题提升到"政治斗争"层面，中国政府对此表现出了较高的警惕性和敏感性，确定了中国在应对变化气候问题上的基本立场，坚持共同但有区别的基本原则，不能因应对气候变化而牺牲中国的经济发展，确保自身的发展空间，反对为发展中国家设定量化的温室气体减排义务。中国签署和批准《京都议定书》是这一阶段参与谈判的积极成果。

（三）第三阶段：2002 年以后

中国在这一阶段参与国际气候谈判的态度变得明显活跃和开放。随着《京都议定书》规定的 2012 年第一承诺期即将届满，《联合国气候变化框架公约》和《京都议定书》缔约方开始了多轮谈判，中国政府以积极和建设性的态度参加了决定所谓"后《京都议定书》时代"气候变化命运的历次谈判，如印度尼西亚巴厘岛会议、丹麦哥本哈根会议、墨西哥坎昆会议、德班会议、多哈会议、华沙会议等，在《京都议定书》第二承诺期的安排、绿色气候基金的启动等重大问题上做出了积极和富有建设性的贡献。

中国政府在气候变化国际谈判的各个阶段中，既始终坚持共同但有区别的基本原则，同时也不回避中国作为世界第一碳排放大国的现实，采取有理、有力、有节的谈判方针和策略，强调气候变化问题不仅是环境问题，也是发展问题，西方工业发达国家和发展中国家在应对气候变化问题时面临和需要解决的问题存在重大差异，

前者已经跨越了工业化发展的重要阶段，二氧化碳排放量已达峰值，开始呈现逐步下降的趋势，其对环境本身的关注要重于经济发展；后者正在经历工业化，由于能源资源禀赋条件、资金、技术、能力以及经济发展和社会进步的需要，其对经济发展的关注要多于环境。此外，当下全球面临的气候变化问题在很大程度上是由西方国家的历史排放累积而造成的，理应承担主要的减排义务，并有责任在资金、技术、信息和能力建设上为发展中国家提供更多的帮助和支持。[①]

二 中国减排政策工具的选择

从最近几年的气候变化国际谈判成果来看，"共同但有区别"的基本原则开始悄然发生变化，共同义务不断被强调和强化，区别责任逐渐被削弱和淡化。由于资源禀赋条件的限制和长期采取粗放型经济增长方式，中国已经成为全球第一大二氧化碳排放大国。作为世界上最大、经济增长最快的发展中国家，无论是应对气候异常变化国际方面的压力还是国内经济持续发展、环境治理的迫切需要，都使减少二氧化碳排放成为中国政府的不二选择。政府在引导企业减排的政策工具上有诸多方式可供选择，如能源消费总量控制、碳税与碳交易市场等，采取合适的政策工具或其组合将直接决定着排放企业的积极性和减排效果。

（一）目前国外采用的主要政策工具

实行能源消费总量控制、开征碳税和开展碳交易是目前国际社会较多采用的三种政策工具，后两者运用得更为普遍。

---

① 关于中国政府在气候变化国际谈判的立场和态度，详见国务院新闻办公室《中国应对气候变化的政策与行动（2011）》以及国家发改委《中国应对气候变化的政策与行动》2012~2013 年度报告。

1. 能源消费总量控制

能源消费总量是指一个国家（或地区）国民经济各行业和居民生活在一定时间内消费的各种能源的总和，立法或政府行政命令在能源消费总量控制制度中起着主导和支配性作用，属于实现节能减排的直接管制工具。欧盟提出的到 2020 年实现 "20 - 20 - 20"，即温室气体排放比 1990 年减少 20%，能效提高 20%，能源消费结构中可再生能源比例增加到 20%。① 通过这三个指标，形成了事实上的能源消费总量控制制度。德国则提出了到 2020 年一次能源消耗比 2008 年减少 20%，到 2050 年减少 50% 的目标。② 从国际经验来看，实行能源消费总量控制的国家一般已经完成了工业化和城市化进程，产业结构实现了低碳转型，能源需求接近饱和，消费总量呈下降趋势。在这一背景下，采用能源消费总量控制制度的难度相对较小。

2. 碳税

碳税是对化石类燃料（煤炭、天然气、汽油等）按照二氧化碳排放量征收的从量环境税。最早于 1990 年由芬兰和瑞典开征，主要应用于欧洲地区，有超过 10 个国家实施了碳税。这些国家的碳税规定较为分散，都未统一覆盖所有行业的燃料消耗。但由于 ETS 的生效，再征收碳税涉嫌双重征收（double - regulation），因此凡是 ETS 覆盖的行业不再征收碳税。

征收碳税可以经由两条路线来达到减排的目的：一是通过对化石燃料中的碳含量或者燃烧化石燃料产生的二氧化碳排放量为计税依据征收税，刺激相关部门采取节能措施，加大能源效率改进的投

① 欧盟委员会网站，http：//ec. europa. eu/clima/policies/package/index_ en. htm，最后访问时间：2014 年 7 月。
② 德国联邦环境、自然保护、建设与核安全部网站，http：//www. bmub. bund. de/en/topics/climate - energy/energy - efficiency/general - information/#c15246，最后访问时间：2014 年 7 月 1 日。

资、促进燃料转换以及产品结构消费模式的转换，从而达到直接减少二氧化碳排放的目的；二是通过碳税收入的再次分配，加大低碳设施投资力度和消费模式的绿色转型，实现间接减排。征收碳税具有可以使纳税义务人清楚地预知其减排成本（在碳排放量、蕴含量及税率确定的前提下）、体现税负公平、实施额外成本较少等优点，但其缺点也较为明显，比如，由于政府信息的不对称和缺失，很难确定合理的税率；同时，由于碳税引起的价格上涨及向消费者的转嫁，可能产生通胀和增加消费者的负担。

3. 碳交易

碳交易也称碳配额或碳排放权交易，作为一种利用市场机制控制温室气体减排的方式，在国际上被广泛采用。碳排放权交易是由有关当局根据环境容量确定一个碳排放的总量控制目标，并以排放权的形式将碳排放配额发放给企业，企业可以用配额履行其强制性减排义务，当实际碳排放量少于其配额时，可向其他市场主体出售，其指导思想是依据污染者付费的原则，将企业生产过程中对环境产生的外部影响内化为企业的生产成本，从而为企业减排提供驱动力。《京都议定书》确立的碳交易机制分为两大类：第一类是基于项目的碳交易，包括发展中国家与发达国家之间的清洁生产机制（Clean Development Mechanism，CDM），以及发达国家相互之间的联合履行机制（Joint Implementation，JI）；第二类是发达国家企业之间基于配额的排放交易（Emission Trade，ET），即一个发达国家承担强制性减排义务的企业将其经核定的实际排放量少于其配额的部分以贸易的方式出售给另一个发达国家承担强制性减排义务的企业，用于抵消其配额。

（二）中国现行的减排政策工具

"十二五"以前，中国主要侧重于通过产业结构和能源生产及消费结构的调整与优化以及提高用能效率来实现节能减排，而未采取能源消费总量控制制度、碳交易或碳税等政策工具，目前中国关于节能减排的宏观调控目标已经清晰，即实施所谓的"三控"（能源消费总量控制、能源强度控制、碳排放强度控制）。

1. "三控"目标

中国政府虽然很早就认识到了应对气候变化问题的重要性，但对《京都议定书》确立的绝对总量控制模式持保留态度，排放控制主要通过产业结构和能源生产及消费结构的优化调整、提高能源效率等手段。除确立"污染物排放总量控制"制度之外，在很长时间内中国并未对二氧化碳等温室气体的排放实行强度控制，特别是能源消费总量控制制度。中国在"十一五"规划中，明确提出每单位 GDP 能耗要比 2005 年降低 20% 的能源消耗强度目标，2009年 9 月、12 月，胡锦涛主席和温家宝总理先后在联合国气候变化峰会和哥本哈根气候变化会议领导人会议上承诺碳排放强度控制目标，即到 2020 年中国单位 GDP 二氧化碳排放比 2005 年下降40%~45%。2007 年 4 月国家发改委发布的《能源发展"十一五"规划》提出，"2010 年，中国一次能源消费总量控制目标为 27 亿吨标准煤左右，年均增长 4%"，① 但由于缺乏强制性的约束机制，能源消费总量和年均增长率远远超过预期水平。"十二五"规划首次提出，"合理控制能源消费总量"，"明确总量控制目标和分解落实机制"，同时明确了约束性的能源强度指标和碳排放指标，并行实施强度控制和总量控制制度。② 2013 年国务院发布的《能源发展"十二五"规划》提出"能源消费总量 40 亿吨标准煤"的目标，

① 参见国家发改委《能源发展"十一五"规划》中"消费总量与结构"部分。
② "十二五"规划中将"单位国内生产总值能源消耗降低 16%，单位国内生产总值二氧化碳排放降低 17%"作为"十二五"时期的主要目标之一，同时确立了"合理控制能源消费总量"的政策导向，详见"十二五"规划中"第三章　主要目标"和"第四章　政策导向"。

至此，中国基本确立了能源消耗强度控制、碳排放强度控制和能源消费总量控制综合实施的制度，但前两者具有约束性，而后者仅为预期性目标，也就是说，考虑到中国正处于工业化和城镇化快速发展阶段，离不开能源生产和消费的支撑，不宜实行能源消费绝对总量控制制度，而是通过降低能源消耗强度和碳排放强度的手段达到合理控制能源消费总量和保持经济合理健康发展的双重目的。

2. 碳税与碳交易的选择

碳税和碳交易是迄今为止人类控制温室气体排放最有影响力的两种经济激励手段和政策工具。前者是强制性的经济和法律手段，后者则是通过市场机制实现其功能，各有其优劣势。采取碳税还是碳交易应对气候变化一直富有争议，实行碳税的国家在碳税出台过程中曾经面临各方面的质疑和异议，近年来在执行过程中也开始出现退缩的迹象。① 就国际成功经验和发展趋势来看，对于以传统化石能源为主的国家而言，通过市场化的交易机制促进和实现减排已经成为一种最优选择。我们认为，相较于碳税，开展碳排放权交易更符合中国的具体国情，② 更有助于实现节能减排的约束性目标，不仅必要而且可行，理由如下。

---

① 比如，澳大利亚确定了先开征碳税而后建立碳交易机制的政策工具路线图，计划2012～2015 年第一阶段实施固定碳税，第二阶段是从 2015 年开始内部碳市场，第三阶段开始并于 2018 年完全与欧盟碳市场连接。但由于澳大利亚能源结构中火电比例较高，碳税刚开征即遭到强烈反对。实施一年多以来，高碳税带来能源价格上涨、企业国际竞争力下降、民众生活成本上升等问题。2013 年 11 月 21 日，澳大利亚联邦议会众议院正式废除碳税法案，现任政府承诺以"直接行动计划"取而代之，不再征收碳税。

② 不排除中国同时采用碳税和碳交易两种手段。中国已经开展自愿减排交易以及强制性减排交易试点，而新修订的《环境保护法》第 43 条提出以环境保护税取代排污费，且中国立法机关正在酝酿起草《环境保护税法（草案）》。在 2012 年原有的设计方案中，碳税没有被视为环境保护税之下的"二氧化碳"税目，而作为独立税种，2013 年立法方向出现调整，不单独征收碳税而是将其纳入环境税税目，在《环境保护税法送审稿》中得到体现。详见 http：//news. xinhuanet. com/fortune/2013 – 05/24/c_ 124756752. htm，最后访问时间：2014 年 6 月 10 日。

第一，减排效果确定性更强。碳税是对化石燃料按照其碳含量或碳排放量计征的环境税种，旨在对纳税义务人课加赋税成本，促使其减少化石燃料的使用，降低二氧化碳的排放。但如受能源资源禀赋条件的硬约束，化石能源需求呈刚性时，成本信号的抑制作用非常有限。此外，由于没有排放总量和额度的限制，只要纳税义务人缴纳税款就可以向政府"购买"几乎不受限制的排放权。大多数实行碳税的国家对碳排放"大户"高耗能企业减征，甚至免征碳税，应对气候变化的目的势必落空。相反，碳交易系基于总量控制下的市场交易，一国或地区的碳排放总量和该区域内的配额企业（恰恰是高耗能、高排放企业）分配的配额数量原则上事先已确定，配额企业分配的配额必须首先用于清结其强制性减排义务，如其配额不足以抵消其义务，须从碳交易市场购买配额或者承担法律责任，这种机理可以确保减排目标的实现。

第二，外部约束性因素较少。开征碳税面临着经济、法律、社会、国际等外部因素的制约。征收碳税会刚性地提高能源价格和物价，影响产业或产品的国际竞争力，抑制消费意愿和能力，滞缓经济复苏进程。法律角度看，开征碳税面临重大的立法障碍，立法公平性也很难得到保障。中国《立法法》规定，税收基本制度是法律保留事项，只能通过制定法律实施。① 而开征碳税立法程序严苛，不能充分照顾到各地节能减排的特殊需求，纳税主体、课税客体、征收环节、应纳税基、税率与现有类似税种的协调等碳税制度要素设计极其复杂，很难满足公正性，不能发挥税收引导产业结构优化的调控作用。从国际角度看，碳税征收的刚性导致的碳泄漏问题远比碳交易制度带来的碳泄漏程度更大、范围更广，为多边的国际碳排放控制带来更大的障碍。

① 《立法法》第8条。

第三，有利于中国提高"碳话语权"。碳交易催生了碳金融市场，在全球范围内已经逐渐形成了以碳排放信用为标的贸易体系，如欧盟、美国、加拿大、澳大利亚、日本等发达国家和地区业已建立起非常完善的碳交易体系，并逐步加强相互间的对接。中国是世界上碳排放量最大的国家，尽早建立中国的碳交易制度、培育碳市场，将有利于中国在未来国际碳市场接轨过程中提高在碳价问题上的话语权，并在最终实现国际市场对接后获取碳定价权的有利地位。

第四，开展碳交易的基础条件已经具备。在碳税和碳交易两种政策工具之间，偏好前者的重要考量之一，是认为碳交易机制的实施成本远高于碳税，如需要确定总量控制目标、总量分配方法等制度和碳交易规则、建设碳交易平台、监测和核算实际碳排放量难度较大等。结合中国目前的情况来看，前述妨碍中国现阶段开展碳交易的障碍基本得到清除，已经具备实施的基础和前提。中国于1996年4月提出了"污染物排放总量控制计划"，2000年颁布实施的《中华人民共和国水污染防治法》及其实施细则，确立了总量控制计划的法律地位，中国在总量控制制度设计及其操作上已经具有比较丰富的经验。目前，强制性碳排放交易试点的省市中，大多在试点之前就设立了交易机构，并组织开展了交易活动。目前，7个试点地区的碳排放交易所已经全部正式开展交易，碳交易平台已经日趋成熟。国家发改委已经制定了首批10个行业企业温室气体排放核算方法与报告指南，深圳、上海、北京等试点省市也相继制定了纳入配额管理行业企业二氧化碳排放核算方法和报告指南。CDM时期积累的第三方核查经验和机构资源，也为碳交易的第三方核查的顺利开展提供了对接的现实性。

第五，碳交易这一政策工具是目前唯一可以通过市场机制分担减排成本的制度设计。碳约束带来的成本增加，如果仅由排放企业承担，或者由政府补贴和排放企业共同承担，都不能很好地解决减排和"压产能"带来的巨大成本。碳交易通过引入社会投资者，使得碳约束成本由全社会分散承担，极大地降低了碳约束制度的负面影响。

目前，中国强制性碳排放权交易试点省市采取的政策工具实际上是基于碳排放相对总量控制目标的碳交易机制，即未设定期限内的绝对总量，而是以约束性的能源消费强度和碳排放强度指标，结合其他因素核定区域碳排放总量，因而，该总量并非一开始就是确定不变的绝对数值，而是取决于国内生产总值的规模，是一个有增量的总量控制，较好地兼顾了环境利益和经济利益。

三　中国碳市场的建设进程

中国碳交易市场建设的进程经历了从作为卖方参与《京都议定书》下 CDM 机制的单向国际碳交易到基于自愿的国内碳交易，再到总量控制下的试点强制性碳交易的几个历史阶段。前述碳市场建设阶段并非前后继起与替代的关系，而是并行和相互融合，如在参与清洁生产机制时，也存在国内自愿减排交易，试点省市的强制性碳交易机制均允许以自愿核证的减排量抵消纳入配额管理企业一定比例的减排义务。同时，由于气候变化问题的整体性和国际性，为避免地区之间、国家之间的碳泄漏以及增强中国在国际碳交易市场的话语权，有必要建立全国性的统一碳交易市场，并与既有的国际碳交易市场逐步实现对接，这是中国碳市场建设的基本方向和必然趋势。

（一）单向参与国际碳市场交易

单向国际碳市场交易是指中国企业作为纯粹的卖方参与《京都议定书》下的 CDM 项目。CDM 是《京都议定书》中引入的承担强

制性减排义务的发达国家缔约方与不承担强制性减排义务的发展中国家缔约方合作减排的灵活履约机制之一，发达国家缔约方与发展中国家缔约方以项目为合作载体，前者以提供资金和技术的方式与后者开展项目级合作，项目实现的经核证的减排量（Certificated Emission Reductions，CERs）用于前者履行其强制性减排承诺，同时帮助后者实现可持续发展。

中国作为碳排放量最大的国家之一，在批准《京都议定书》后积极参与 CDM，自 2006 年联合国 CDM 执行理事会（EB）批准中国第一个 CDM 项目以来，截至 2012 年 8 月底，中国共批准了 4540 个清洁发展机制项目，预计年减排量近 7.3 亿吨二氧化碳当量，主要集中在新能源和可再生能源、节能和提高能效、甲烷回收利用等方面。其中，已有 2364 个项目在 EB 成功注册，占全世界注册项目总数的 50.41%，已注册项目预计年减排量（CER）约 4.2 亿吨二氧化碳当量，占全球注册项目年减排量的 54.54%，项目数量和年减排量都居世界第一。注册项目中已有 880 个项目获得签发，总签发量累计 5.9 亿吨二氧化碳当量，为《京都议定书》的实施提供了有力支持。[①]

但随着欧盟碳交易市场因经济下滑而带来的价格巨幅下跌，且欧盟市场不再接受中国 2012 年底以后注册的新项目产生的减排量，中国单向参与国际碳交易的阶段已经基本结束。

（二）国内自愿减排量交易

自愿减排交易（Voluntary Emission Reductions，VERs）是指不承担强制性减排义务的企业、机构和个人自行采取节能减排措施，当减排措施不足以中和其产生的全部碳排放时，出资从碳交易市场

---

① 《中国应对气候变化的政策与行动 2012 年度报告》，第 36 页。

购买碳减排指标，以此达到所谓"零排放"的目的。

中国在积极参与CDM项目合作的同时，也在国内开展了自愿减排交易。2009年8月5日，天平汽车保险公司购买了2008年奥运会期间北京"绿色出行"活动产生的8026吨碳减排指标，用于抵消该公司自2004年成立以来至2008年底运营过程中产生的碳排放，开启了中国自愿减排交易市场的篇章。随后，北京、上海、天津等地为推动碳排放自愿交易做了许多有益的尝试。比如，北京市环境交易所在全国首家推出了碳排放自愿减排标准——熊猫标准，上海市环境能源交易所借助世博会召开之机也积极开展了"世博自愿减排"活动，等等。为推动自愿减排交易规范健康发展，2012年6月国家发改委制定了《温室气体自愿减排交易管理暂行办法》，正式确立了中国核证自愿减排量（CCERs）交易制度。但由于自愿减排是建立在企业社会责任和个体觉悟的基础上，并无总量控制和强制性义务的约束，零星减排量需求存在很大的不确定性，交易量很小。

（三）总量控制下的试点强制碳交易

2014年6月19日，随着重庆市碳市场的正式启动，中国7个试点地区强制碳交易市场已经全部开启，纳入企业2200多家，配额总量12亿吨。作为重要制度组成部分的国内自愿减排项目CCER市场也已经开启项目备案通道，首批核证减排量将有望于2014年底前签发计入市场。目前，中国7省市的试点碳交易具有以下三个特点：一是总量控制带有增量的内涵，即不是严格意义上的绝对总量逐年下降，而是考虑了经济增长因素的总量。例如，深圳和重庆对全行业、北京和上海等地对电力行业实行了企业配额年底根据生产情况调整的制度。二是7省市的制度设计差异性很大，企业纳入标准、配额分配方法、排放核算标准、交易规则、立法层

级与罚则等不尽相同，市场表现迥异。三是由于政策法规体系尚在完善之中，试点地区政府对于市场调控的影响力巨大，短期内政府调控力远远大于市场机制的作用。

（四）走向全国统一市场

7个试点地区各自开始进行碳市场的建立工作是一把双刃剑。一方面，各地不同的经济社会发展状况将在各地不同的制度建设中得以更好地体现，有利于减少制度建设的阻力，更快地推出适应各地实际需要的碳市场；另一方面，完全不同的配额分配方法、排放核算方法、行业和企业纳入标准、履约要求、抵消机制和法律框架，将为全国市场的统一带来困难。

除了科学确定企业纳入范围、核算方法、立法与执行、兼顾经济发展与排放控制、解决区域经济发展不平衡带来的减排成本差异等碳交易的内生问题外，还有一些市场统一中出现的特殊问题。逻辑上讲，7个试点地区走向全国市场统一可以采取扩大试点范围直至全国统一市场、连接试点地区形成统一再扩大至全国或者直接推倒试点地区市场重新建立一个全国市场等路径来实现。但无论哪一种路径，都将面临一些无法回避且较为棘手的问题。例如，原试点地区的配额是否可以继续在全国市场使用？如果不能使用，将给试点地区的投资者和排放企业造成极大的不公；如果可以继续使用，则又将出现因配额分配政策的不一致而导致的地区价格差别如何折算为全国配额的问题。又如，7个试点地区的交易所是否在全国市场统一后保留，抑或重新发放交易所牌照？即使完全依靠市场力量形成交易所的优胜劣汰或兼并整合，一个单一同质化的碳产品是否可以为排放权交易所的竞争提供足够的空间？

总之，走向一个全国统一的碳市场是中国未来需要着力解决的问题。《碳市场蓝皮书》将在未来继续关注这一话题。

（五）中国碳市场与国际碳市场接轨的发展趋势

应对气候变化不可能由一个或少数几个国家来完成，一国之内碳交易市场与国际碳交易市场对接是普遍趋势。所谓碳交易市场相互之间的接轨或对接主要是互认碳排放量、认可碳配额相互抵消、选择能被双方接受的第三方核查机构、共享市场信息和交易平台、建立相互衔接的交易监管制度等。比如，欧盟碳排放交易机制（EU ETS）与加拿大、日本、瑞士等国的双边认可，欧盟与澳大利亚碳交易市场、美国加州与加拿大魁北克省碳市场的对接等。

中国碳市场与国际碳市场实现接轨有其特殊的驱动力。虽然中国成为"世界工厂"客观上降低了其他经济体的温室气体排放压力，世界应该对中国的温室气体排放控制抱有一定程度的宽容，但中国在国际上面临的减排压力已经越来越大。从长远看，通过谈判最终承诺总量的国际减排义务将是一个不可避免的结果。同时，中国的内在减排动力也逐渐增强。随着中国经济结构调整进程的深化，发展方式的转变使能源消费的急速上升已经到了一个接近拐点的阶段。中国迫切需要利用一切手段，特别是市场化手段来促使能源消费更为高效，并通过市场分担来降低减排成本。建立中国碳市场并与国际市场接轨将是达成这一目标最好的制度选择。此外，作为世界最大的排放国，中国与国际市场接轨意味着其在碳的定价上将拥有较强的话语权。

然而，仅限于配额或碳信用产品互认的市场接轨在可以预见的未来尚不具备基本的条件。这种对接可能面临的问题有很多。

第一，中国试点地区的碳交易是一个带有增量的总量控制交易，能否让国际市场接受将是一个困难的过程。如果国际市场只接受严格的总量递减，如何预测中国的排放峰值年又将成为另一大难题。因此，中国市场与国际市场接轨的前提将是中国加入有约束力

的减排国际条约，并且有着与其他市场相近的碳价。

第二，国内市场法律框架的稳定性。如果中国在碳税和碳交易制度选择上犹豫不决或者没有处理好两者之间的关系，避免重复管制，将出现澳大利亚与欧盟市场接轨同样的问题。

第三，与欧盟的排放核算方法聚焦于设施级的直接排放不同，目前中国公布的国家核算方法包含了能源消费和生产过程的直接排放与用电产生的间接排放两部分。因此中国的排放配额总量中有一大部分是重复计算的。在加入国际条约、依此设置配额总量并最终与国际市场接轨时，如何形成多边认可的折算方法也需要大量的研究。

第四，虽然 CDM 机制在中国的成功实施催生了很多具有丰富项目核查经验的第三方机构，但在中国市场建立后这些第三方机构中的大多数因为外资背景目前尚未成为国内市场的核查或核证机构。目前的第三方核查机构均为各试点地区审批通过的机构。这些机构是否能符合未来国际市场接轨更加严格的监管要求，先行MRV 制度与国际接轨过程中又会出现哪些问题仍有待观察。

对于未来十年的中国碳市场而言，与国际市场的接轨更具现实性的选择是仿照股票二级市场和黄金等大宗交易中的"国际板"思路，在中国的排放权交易所或者期货交易所进行欧盟、美国等其他地区的配额、减排量的交易，并同时让中国的配额和减排量也能在一定条件下成为国际其他排放权交易所的交易标的物。

B.2
中国碳市场法律和政策框架

摘 要：

中国碳市场从制度层建设方面看，国家与地方的立法和政府部门逐步进行了相关立法和行政规范性文件的发布工作，初步建立了碳交易的基本制度框架。碳交易的法律框架（广义的法律）包括国家和地方两个层次。目前国家的立法有行政法规性质的阶段性温室气体减排规划和实施方案，部门规章性质的自愿减排项目管理规范和重点行业温室气体排放核算方案与指南等；北京、天津、上海、重庆、深圳、广东、湖北7个试点地区的地方人大或政府也颁布了地方的规范性文件，碳交易的基本制度已经就绪。碳交易的法律框架还存在立法位阶较低、处罚与交易所等规则亟待上位立法认可、透明度与稳定性较差等方面的问题需要解决。

关键词：

中国 碳市场 碳交易

一 全国性立法

严格而言，国家层面立法是指依法享有立法权的机关制定的普遍适用于全国的法律文件，根据中国《立法法》的规定，仅包括

全国人大及其常委会制定的法律、国务院制定的行政法规以及国务院各部、委局等机关制定的部门规章。目前，中国强制性二氧化碳排放配额管理及交易尚处于试点探索阶段，并无普遍适用的全国性立法，主要表现为议程、方案、规划、意见、决定、通知等形式的政策性规定，但诸如此类政策性规定原则性地设定了强制性碳排放配额管理和交易制度建构的总体要求、基本框架及核心要素，为试点省市的地方性立法确定了边界和范围。因此，有关碳市场的全国性立法实际上主要是国家政策，只是考虑到在中国政策往往是立法的先导，立法是政策的法律化，将国家政策纳入广义的全国性立法；同时，鉴于中国鼓励将自愿减排量作为碳交易的标的，各试点省市制定的地方性立法也允许扣减碳排放配额。此外，重点行业企业二氧化碳排放核算方法是确定碳排放总量、核定配额分配和认定履约义务的基础工具，故将国家发改委颁布的《温室气体自愿减排交易管理暂行办法》以及首批 10 个行业企业二氧化碳排放核算方法和报告指南纳入其中。

（一）概述

中国政府始终高度重视气候变化应对工作。一方面，1992 年中国签署和批准《联合国气候变化框架公约》，1998 年签署、2002 年批准了《京都议定书》，积极参与温室气体减排国际合作；另一方面，虽然中国并不承担温室气体减排的强制性国际法律义务，但为了缓解日益严重的温室气体效应问题，同时向国际社会展现作为一个负责任的发展中国家形象，中国政府不仅通过制定和修订有关立法，以促进和保证节能减排和增加碳汇等，还单方面地对外公布了降低单位 GDP 二氧化碳排放和能耗的约束性指标，并在发展中国家中第一个制定并实施了应对气候变化的国家方案，逐步建立起了有关碳交易及其管理制度的基本架构。有关碳配额管理和交易的国家层面的立法确立了开展节能减排工作的基本原则、重点行业和领域及其碳排放的核算方法等内容，为试点省市的地方立法提供了方向性的指导，从其基本取向来看，经历了由行政直接控制到行政手段和市场机制相结合、鼓励自愿减排到自愿减排与强制减排并存的发展阶段，确定了经由少数省市试点进而推及全国，直至与国际碳市场接轨的碳交易制度发展路径。

（二）全国人大和国务院通过的规划和方案

中国政府高度重视温室气体的应对工作，一方面，建立健全了由国家应对气候变化领导小组统一领导、国家发展和改革委员会归口管理、各有关部门分工负责、各地方各行业广泛参与的应对气候变化管理体制和工作机制；另一方面，逐步明晰了控制温室气体排放的制度体系，1994 年颁布的《中国二十一世纪议程》首次提出适应气候变化的概念，2006 年提出 2010 年单位国内生产总值能耗比 2005 年下降 20% 左右的约束性指标，2007 年制定并实施应对气候变化国家方案，"十一五"期间（2006～2010 年）采取了一系列减缓和适应气候变化的重大政策措施，2009 年确定了到 2020 年单位国内生产总值温室气体排放比 2005 年下降 40%～45% 的行动目标，2011 年全国人大通过的《国民经济和社会发展第十二个五年规划纲要》（以下简称《"十二五"规划纲要》）明确了应对气候变化的目标任务，[①] 国务院下发《"十二五"控制温室气体排放工作方案》，要求制定相应法规和管理办法。全国人大和国务院制定和通过的上述规划、方案确立了中国碳排放管理和交易制度的基本框架和核心内容。这一目标成为各试点地区确定各自配额总量的主要法律标准。

---

① 参见国务院新闻办公室《中国应对气候变化的政策与行动（2011）》中"前言"。

1.《中国应对气候变化国家方案》

《联合国气候变化框架公约》要求所有缔约方制定、执行、公布并经常更新应对气候变化的国家方案。① 中国政府为了履行作为《联合国气候变化框架公约》缔约国的义务，于 2007 年制定并发布了《中国应对气候变化国家方案》，明确到 2010 年中国应对气候变化的具体目标、基本原则、重点领域及其政策措施，并向国际社会郑重承诺与国际社会和有关国家积极开展有效务实合作，努力实施该方案。

关于中国应对气候变化的指导思想，即：全面贯彻落实科学发展观，推动构建社会主义和谐社会，坚持节约资源和保护环境的基本国策，以控制温室气体排放、增强可持续发展能力为目标，以保障经济发展为核心，以节约能源、优化能源结构、加强生态保护和建设为重点，以科学技术进步为支撑，不断提高应对气候变化的能力，为保护全球气候做出新的贡献。

关于中国应对气候变化应当坚持的基本原则，即：可持续发展原则、"共同但有区别的责任"原则、减缓和适应并重原则、应对气候变化的政策与其他相关政策有机结合的原则、依靠科技进步和科技创新的原则、积极参与广泛合作的原则等。

关于中国应对气候变化的目标，即 2010 年中国将努力实现以下主要目标：单位国内生产总值能源消耗比 2005 年降低 20% 左右，相应减缓二氧化碳排放；可再生能源开发利用总量（包括大水电）在一次能源供应结构中的比重提高到 10% 左右；工业生产过程的氧化亚氮排放稳定在 2005 年的水平上；控制甲烷排放增长速度；森林覆盖率达到 20%，碳汇数量比 2005 年增加约 0.5 亿吨二氧化碳。

---

① 《联合国气候变化框架公约》第 4 条 1（b）。

关于中国应对气候变化的政策措施，即：制定和实施有关法律法规，加强应对气候变化的机构和体制建设以及制度创新和制度建设，促进能源生产、产业结构低碳转型和绿色发展，减少能源消耗和提高能源效率，降低温室气体排放水平；积极参与区域和国际合作，履行国际条约赋予发展中国家的义务，提高应对温室气体的能力。

2.《"十二五"规划纲要》

2011 年全国人大通过的《"十二五"规划纲要》以专章（第21 章）的形式明确了中国在今后 5 年时间内应对全球气候变化的基本原则、手段和目的，提出坚持减缓和适应气候变化并重，充分发挥技术进步的作用，完善体制机制和政策体系，提高应对气候变化能力。

关于降低二氧化碳排放和能耗水平的约束性指标，即：到2015 年单位国内生产总值二氧化碳排放比 2010 年下降 17%，单位国内生产总值能耗比 2010 年下降 16%。

关于控制温室气体排放的产业发展路径。综合运用调整产业结构和能源结构、节约能源和提高能效、增加森林碳汇等多种手段，大幅度降低能源消耗强度和二氧化碳排放强度，有效控制温室气体排放。

关于控制温室气体排放的行政管理手段。合理控制能源消费总量，严格用能管理，明确总量控制目标和分解落实机制。严格控制工业、建筑、交通和农业等领域温室气体排放。探索建立低碳产品标准、标识和认证制度，建立完善温室气体排放统计核算制度，逐步建立碳排放交易市场，推进低碳试点示范。

关于气候变化国际合作的基本原则。中国是一个经济社会处于快速发展的大国，控制温室气体排放不能以牺牲经济发展和损害民生为代价，必须在坚持《联合国气候变化框架公约》及其《京都

议定书》确立的"共同但有区别的责任"的基本原则的前提下，积极参与国际谈判和务实合作，推动建立公平合理的应对气候变化国际制度。

3. 《"十二五"控制温室气体排放工作方案》

为确保实现《"十二五"规划纲要》设定的约束性目标和落实控制温室气体排放的政策措施，2011年12月1日印发了《"十二五"控制温室气体排放工作方案》，重申《"十二五"规划纲要》确定的控排和降耗指标，并分解到各省、直辖市和自治区，同时明确了"十二五"期间控制温室气体排放的工作方案。

关于控制温室气体排放的综合措施，即：加快产业结构调整和优化升级。提高高耗能、高排放和产能过剩行业准入门槛，抑制高耗能产业过快增长，加快淘汰落后产能，加快运用高新技术和先进实用技术改造提升传统产业，大力发展服务业和战略性新兴产业，提高其增加值占国内生产总值的比例；完善节能法规和标准，强化节能目标责任考核，大力发展循环经济，2015年实现单位国内生产总值能耗比2010年下降16%的目标；调整能源生产和利用结构，实现传统能源的清洁利用，促进能源多元化发展，提高非化石能源在一次能源消费中的比例；努力增加碳汇，控制非能源活动其他温室气体的排放水平；要求钢铁、建材、电力、煤炭、石油、化工、有色、纺织、食品、造纸、交通、铁路、建筑等行业制定控制温室气体排放行动方案，按照先进企业的排放标准对重点企业要提出温室气体排放控制要求，研究确定重点行业单位产品（服务量）温室气体排放标准，选择重点企业试行"碳披露"和"碳盘查"等。

关于温室气体排放统计核算体系建设。将温室气体排放基础统计指标纳入政府统计指标体系，建立健全涵盖能源活动、工业生产过程、农业、土地利用变化与林业、废弃物处理等领域，适应温室气体排放核算的统计体系；制定地方温室气体排放清单编制指南，规范清单编制方法和数据来源。研究制定重点行业、企业温室气体排放核算指南。构建国家、地方、企业三级温室气体排放核算工作体系，实行重点企业直接报送能源和温室气体排放数据制度，建立温室气体排放数据信息系统。定期编制国家和省级温室气体排放清单。加强对温室气体排放核算工作的指导，做好年度核算工作。加强温室气体计量工作，做好排放因子测算和数据质量监测，确保数据真实准确。实行重点企业直接报送能源和温室气体排放数据制度。

关于探索建立碳排放交易市场建设。制定温室气体自愿减排交易管理办法，确立自愿减排交易机制的基本管理框架、交易流程和监管办法，建立交易登记注册系统和信息发布制度，开展自愿减排交易活动；适时开展碳排放权交易试点，制定相应法规和管理办法，研究提出温室气体排放权分配方案，逐步形成区域碳排放权交易体系。

关于碳排放交易支撑体系建设。研究制定减排量核算方法，制定相关工作规范和认证规则。加强碳排放交易机构和第三方核查认证机构资质审核，严格审批条件和程序，加强监督管理和能力建设。在试点地区建立碳排放权交易登记注册系统、交易平台和监管核证制度等。

由此可见，《"十二五"控制温室气体排放工作方案》确立了中国温室气体排放交易机制的基本类型，即基于项目的自愿减排交易机制和基于碳排放权配额的强制性履约机制，该工作方案强调的控排措施，特别是对重点行业或领域的控排要求和排放指标以及碳盘查等，为碳排放交易的制度建设和试点提供了基础数据和支撑；同时明确了碳排放权管理和交易制度的核心要素，对试点省市的地方立法起到了非常重要的指引性作用。

（三）国家发改委颁布的部门规章和政策

国家发改委作为应对温室气体工作的主管机构，根据全国人大和国务院颁布的上述规划、方案等，制定和发布了一系列部门规章和政策。

1.《清洁发展机制项目运行管理办法》

清洁发展机制是《联合国气候变化框架公约》及其《京都议定书》确立的三种灵活履约机制之一。中国作为发展中国家缔约方，为促进清洁发展机制项目在中国的有序开展，2005年国家发改委颁布了《清洁发展机制项目运行管理办法》（以下简称《管理办法》），2010年国家发改委为提高清洁发展机制项目开发和审定核查效率，对该管理办法进行了修订，确立了中国政府和企业参与清洁机制发展项目的基本原则和主要制度，择其要者如下。

关于参与清洁发展机制项目的基本原则，即：清洁发展机制项目合作应促进环境友好技术转让，在中国开展合作的重点领域为节约能源和提高能源效率、开发利用新能源和可再生能源、回收利用甲烷。[①] 中国政府和企业参与清洁发展机制项目，并不因此承担《联合国气候变化框架公约》和《京都议定书》规定之外的任何义务；国外合作方用于购买清洁发展机制项目减排量的资金，应额外于现有的官方发展援助资金和其在《联合国气候变化框架公约》下承担的资金义务。[②]

关于清洁发展机制项目运行的管理体制，具体内容如下。

第一，项目审核理事会及其职责。建立国家发展改革委和科学技术部为组长单位，外交部为副组长单位，财政部、环境

---

① 《清洁发展机制项目运行管理办法》第4条。
② 《清洁发展机制项目运行管理办法》第6、7条。

保护部、农业部和中国气象局为成员单位的审核理事会，理事会对申报的清洁发展机制项目进行审核，提出审核意见，向国家应对气候变化领导小组报告清洁发展机制项目执行情况和实施过程中的问题及建议，提出涉及国家清洁发展机制项目运行规则的建议。[①]

第二，项目合作主管机构及其职责。国家发展改革委为清洁发展机制项目合作的主管机构，组织受理清洁发展机制项目的申请，依据项目审核理事会的审核意见，会同科学技术部和外交部批准清洁发展机制项目，出具清洁发展机制项目批准函，组织对清洁发展机制项目实施监督管理等。[②]

第三，项目实施机构及其义务。项目实施机构即依法有权与国外合作方开展清洁发展机制项目的实体，中国境内的中资、中资控股企业为项目实施机构，其承担清洁发展机制项目减排量交易的对外谈判，并签订购买协议；负责清洁发展机制项目的工程建设；实施清洁发展机制项目，履行相关义务，并接受国家发改委及项目所在地发改委的监督；按照国际规则接受对项目合格性和项目减排量的核实，提供必要的资料和监测记录。在接受核实和提供信息过程中依法保护国家秘密和商业秘密；向国家发改委报告清洁发展机制项目温室气体减排量的转让情况；按时足额缴纳减排量转让交易额等。[③]

关于项目申请和实施程序，具体程序如下。

第一，申请人和受理机构。41家中央企业直接向国家发改委

---

① 《清洁发展机制项目运行管理办法》第8、11条。

② 《清洁发展机制项目运行管理办法》第9、12条。

③ 《清洁发展机制项目运行管理办法》第10、13条。如实施机构在取得国家发展改革委出具的批准函后，企业股权变更为外资或外资控股的，自动丧失清洁发展机制项目实施资格，股权变更后取得的项目减排量转让收入归国家所有。参见《清洁发展机制项目运行管理办法》第30条。

提出申请，其余实施机构向项目所在地省级发改委提出申请。①

第二，申请人提交的申请材料，包括：项目申请表、企业资质状况证明文件复印件、工程项目可行性研究报告批复（或核准文件、备案证明）复印件、环境影响评价报告（或登记表）批复复印件、项目设计文件、工程项目概况和筹资情况说明及其他材料。②

第三，审核和决定。省级发改委应当将全部项目申请材料及初审意见报送国家发改委，不得以任何理由对项目实施机构的申请作出否定决定。国家发改委对所有项目申请组织专家评审后，提交项目审核理事会审核，国家发改委根据审核意见，会同科技部和外交部做出是否出具批准函的决定。③

第四，项目注册。经国家发改委批准后，由经营实体提交清洁发展机制执行理事会申请注册。④

因为欧盟市场不再接受来自中国的 2013 年以后注册的 CDM 项目，以及欧债危机和配额供给过剩等原因，CER 价格暴跌。目前，《清洁发展机制项目运行管理办法》仍在执行中，但新申报项目已经停止。从存量项目后续管理的角度看，该办法及其执行过程中面临的最大的问题是如何处理因市场价格远远低于发改委确定的最低限价，甚至无法覆盖国家清洁机制基金的缴纳义务而带来的问题。如果强制企业按照最低限价的一定比例履行缴纳义务，项目企业将

---

① 《清洁发展机制项目运行管理办法》附件载明了中央企业的名单，国家发改委可根据需要适时进行调整，参见该管理办法第 14 条。

② 《清洁发展机制项目运行管理办法》第 15 条。

③ 《清洁发展机制项目运行管理办法》第 17、18、19、21 条。项目审核理事会包括：项目参与方的参与资格、相关批复文件、方法学应用、温室气体减排量计算、可转让温室气体减排量的价格、减排量购买资金的额外性、技术转让情况、预计减排量的转让期限、监测计划、预计促进可持续发展的效果等。参见《清洁发展机制项目运行管理办法》第 20 条。

④ 经营实体是由清洁发展机制执行理事会指定的审定和核证机构。参见《清洁发展机制项目运行管理办法》第 22、35 条。

蒙受两方面的损失，一方面是失去通过调整价格获得收益的机会，另一方面是 2012 年底前产生的减排量因无法在 2014 年以后的履约期使用而在欧盟全部失效。

2.《温室气体自愿减排交易管理暂行办法》

中国虽然并不承担强制性减排的国际法律义务，但在参与清洁发展机制，向国外买家出售温室气体减排量之外，还开展了一些基于项目的自愿减排交易活动，对于探索和试验碳排放交易程序和规范具有积极意义。2012 年 6 月 13 日，国家发改委为保障自愿减排交易活动有序开展，为逐步建立总量控制下的碳排放权交易市场积累经验，奠定技术和规则基础，制定了《温室气体自愿减排交易管理暂行办法》。

关于适用的温室气体减排量交易范围，即：适用于《联合国气候变化框架公约》及其《京都议定书》规定的二氧化碳（CO_2）、甲烷（CH_4）、氧化亚氮（N_2O）、氢氟碳化物（HFC_s）、全氟化碳（PFC_s）和六氟化硫（SF_6）六种温室气体的自愿减排量交易活动。[1]

关于主管部门和交易主体。国家发改委对自愿减排量交易采取备案管理，参与自愿减排交易的项目及产生的减排量，在国家发改委备案和登记。国内外机构、企业、团体和个人均可参与温室气体自愿减排量交易。[2]

关于自愿减排项目的管理制度。项目应当采用经国家发改委的方法学，且由经国家发改委备案的审定机构审定。无论是已被联合国清洁发展机制执行理事会批准的方法学还是新开发的方法学均由国家发改委委托专家进行评估，决定是否予以备案。[3] 项目在向国

---

[1]　《温室气体自愿减排交易管理暂行办法》第 2 条。
[2]　《温室气体自愿减排交易管理暂行办法》第 4、5 条。
[3]　方法学是指用于确定项目基准线、论证额外性、计算减排量、制定监测计划等的方法指南。参见《温室气体自愿减排交易管理暂行办法》第 10、11 条。

家发改委申请备案之前应当经国家发改委备案的审定机构审定并出具审定报告，43 家国资委管理的中央企业（包括下属企业和控股企业）直接向国家发改委提出申请，其他企业通过项目所在地的省级发改部门提交申请，由后者对申请备案材料的完整性和真实性提出意见后转报国家发改委。①

申请备案的项目应于 2005 年 2 月 16 日之后开工建设，且属于以下四类中的任一类别：采用经国家发改委备案的方法学开发的自愿减排项目；获得国家发改委批准作为清洁发展机制项目，但未在联合国清洁发展机制执行理事会注册的项目；获得国家发改委批准作为清洁发展机制项目且在联合国清洁发展机制执行理事会注册前就已经产生减排量的项目；在联合国清洁发展机制执行理事会注册但减排量未获得签发的项目。②

关于项目减排量的管理制度。已经备案的项目产生减排量后，应当由国家发改委备案的核证机构对其减排量进行核证，并出具减排量核证报告，国家发改委对符合条件的减排量予以备案，经备案的减排量称为"核证自愿减排量（CCER）"，单位以"吨二氧化碳当量（tCO_2e）"计。③ CCER 可用于交易，并可抵消碳排放配额。

3. 首批十个行业企业二氧化碳排放核算方法和核算指南

为落实《国民经济和社会发展第十二个五年规划纲要》提出的建立完善温室气体统计核算制度，逐步建立碳排放交易市场的目标，完成国务院《"十二五"控制温室气排放工作方案》提出的加

---

① 《温室气体自愿减排交易管理暂行办法》第 12、14 条。但交易主体的类型及其适格条件，还须根据国家发改委备案的交易机构的交易规则确定，目前大多数交易机构对交易参与方规定了限制性条件。
② 《温室气体自愿减排交易管理暂行办法》第 13 条。
③ 《温室气体自愿减排交易管理暂行办法》第 18、21 条。

快构建国家、地方、企业三级温室气体排放核算工作体系，实行重点企业直接报送温室气体排放数据制度的工作任务，国家发改委制定了首批 10 个行业企业温室气体排放核算方法与报告指南（试行），对核算主体、边界、方法等问题作了详细规定，并确定了核算主体核算报告的基本框架，供开展碳排放权交易、建立企业温室气体排放报告制度、完善温室气体排放统计核算体系等相关工作参考使用。

发电企业温室气体排放核算和指南。发电企业核算的温室气体限于二氧化碳，[①] 核算主体包括从事电力生产的具有法人资格的生产企业和视同法人的独立核算单位，核算边界为核算主体边界内所有生产设施产生的温室气体排放，同时包括直接排放和间接排放，前者指化石燃料燃烧排放、脱硫过程排放，后者指净购入使用电力排放，如企业除电力生产外还存在其他产品生产活动且存在温室气体排放的，则应参照相关行业企业的指南分别核算，企业厂界内生活耗能导致的排放原则上不在核算范围内。[②] 发电企业的温室气体排放总量等于企业边界内化石燃料燃烧排放、脱硫过程的排放和净购入使用电力产生的排放之和。[③]

电网企业温室气体排放核算和指南。电网企业核算的温室气体包括二氧化碳和六氟化硫，[④] 核算主体为从事电力输配业务且具有法人资格或视同法人的直辖市或省电力公司，[⑤] 核算边界为核算主

---

① 《中国发电企业温室气体排放核算方法与报告指南（试行）》中"编制说明：三、主要内容"。
② 《中国发电企业温室气体排放核算方法与报告指南（试行）》中"三：术语和定义"和"四：核算边界"。
③ 均只核算燃烧化石燃料所产生的二氧化碳排放量，具体核算公式参见《中国发电企业温室气体排放核算方法与报告指南（试行）》中"五：核算方法"。
④ 《中国电网企业温室气体排放核算方法与报告指南（试行）》中"编制说明：三、主要内容"和"四、需要说明的问题"。
⑤ 《中国电网企业温室气体排放核算方法与报告指南（试行）》中"三、术语和定义"。

体使用六氟化硫设备的修理与退役过程产生的六氟化硫排放，以及输配电损失所对应的电力生产环节产生的二氧化碳排放，[1] 如电网企业生产其他产品且存在温室气体排放的，则应按照相关行业企业的指南分别核算。[2] 电网企业的温室气体排放总量为使用六氟化硫设备修理与退役过程产生中的六氟化硫的排放和输配电损失所对应的电力生产环节产生的二氧化碳排放量之和。[3]

钢铁生产企业温室气体排放核算和指南。钢铁生产企业核算的温室气体为二氧化碳，[4] 核算主体为从事黑色金属冶炼、压延加工及制品生产的具有法人资格的生产企业和视同法人的独立核算单位，[5] 核算边界为核算主体所有设施和业务产生的二氧化碳排放，同时包括直接排放（燃料燃烧、工业生产过程中产生的排放）、间接排放（净购入使用的电力、热力产生的排放，实际排放主体为电力、热力生产企业和隐含排放（固化在粗钢、甲醇等外销产品中的碳所对应的二氧化碳排放），如钢铁生产企业生产其他产品且存在温室气体排放的，则应按照相关行业企业的指南分别核算，[6] 其二氧化碳排放总量为其边界内所有的化石燃料燃烧排放量、工业生产过程排放量及企业净购入电力和净购入热力隐含产生的 CO_2

---

① 《中国电网企业温室气体排放核算方法与报告指南（试行）》中"四、核算边界"。
② 《中国电网企业温室气体排放核算方法与报告指南（试行）》中"四、核算边界"。
③ 但考虑监测的难度，不核算使用六氟化硫的设备运行过程中产生的泄漏，参见《中国电网企业温室气体排放核算方法与报告指南（试行）》中"编制说明：需要说明的问题"。具体核算公式参见《中国电网企业温室气体排放核算方法与报告指南（试行）》中"五：核算方法"。
④ 钢铁生产企业甲烷和氧化亚氮排放量占排放总量比重1%以下，暂不纳入核算，参见《中国钢铁生产企业温室气体排放核算方法与报告指南（试行）》中"编制说明：主要内容"。
⑤ 《中国钢铁生产企业温室气体排放核算方法与报告指南（试行）》中"编制说明：主要内容"和"三、术语和定义"。
⑥ 《中国钢铁生产企业温室气体排放核算方法与报告指南（试行）》中"编制说明：主要内容"和"三、术语和定义"。

排放量之和，但固碳产品隐含的排放量应予扣除。①

化工生产企业温室气体排放核算和报告指南。化工生产企业核算的温室气体包括二氧化碳和硝酸、己二酸生产过程中排放的氧化亚氮排放以及氟化物、其他温室气体（如有，且被主管部门要求纳入其他行业企业核算范围）。② 核算主体为以石油烃或矿物质为原料生产基础化学原料、化肥、农药、涂料、颜料、油墨或类似产品、合成材料、化学纤维、橡胶、塑料、专用或日用化学产品，且具有法人资格或视同法人实行独立核算的生产企业。③ 核算边界为核算主体边界内所有生产设施产生的温室气体排放，同时包括直接排放（燃料燃烧排、工业生产过程排放）、间接排放（净购入的电力和热力消费引起的排放）、回收利用量（回收燃料燃烧或工业生产过程产生的且作为产品外供给其他单位的排放量）。④ 温室气体排放总量等于燃料燃烧 CO_2 排放加上工业生产过程 CO_2 当量排放，减去企业回收且外供的 CO_2 量，再加上企业净购入的电力和热力消费引起的 CO_2 排放量。⑤

电解铝生产企业温室气体排放核算和报告指南。电解铝生产企业核算的温室气体包括二氧化碳和全氟化碳，核算对象适用范围是以电解铝生产为主营业务的独立法人企业和视同法人的独立核算单位。⑥ 核算边界为核算对象生产系统所产生的温室气体排放，包括

---

① 具体核算方法参见《中国钢铁生产企业温室气体排放核算方法与报告指南（试行）》中"五、核算方法"。
② 《中国化工生产企业温室气体排放核算方法与报告指南（试行）》中"编制说明：主要内容"和"四、核算边界"。
③ 《中国化工生产企业温室气体排放核算方法与报告指南（试行）》中"编制说明：主要内容"和"三、术语和定义"。
④ 《中国化工生产企业温室气体排放核算方法与报告指南（试行）》中"四、核算边界"。
⑤ 具体核算方法参见《中国化工生产企业温室气体排放核算方法与报告指南（试行）》中"五、核算方法"。
⑥ 《中国电解铝生产企业温室气体排放核算方法与报告指南（试行）》中"编制说明：主要内容""一、适用范围""三、术语和定义"。

直接排放（燃料燃烧排放、能源作为原材料用途产生的排放、工业生产过程产生的排放）和间接排放（净购入的电力、热力消费产生的排放），如还从事电解铝以外的产品生产活动，则还应按照相关行业企业的指南分别核算。[1] 温室气体排放总量等于企业边界内所有生产系统的化石燃料燃烧排放量，能源作为原材料用途的排放量、工业生产过程排放量，以及企业净购入的电力和热力消费的排放量之和。[2]

镁冶炼企业温室气体排放核算和报告指南。镁冶炼生产企业的核算气体为二氧化碳一种，核算对象为以镁冶炼生产为主营业务的独立法人企业和视同法人的独立核算单位。[3] 核算边界为核算对象生产系统产生的温室气体排放，包括直接排放（燃料燃烧排放、能源作为原材料用途产生的排放、工业生产过程产生的排放）和间接排放（净购入的电力、热力消费产生的排放），如还从事镁冶炼以外的产品生产活动，则还应按照相关行业企业的指南分别核算。[4] 温室气体排放总量等于企业边界内所有生产系统的化石燃料燃烧排放量、能源作为原材料用途的排放量、工业生产过程排放量，以及企业净购入的电力和热力消费的排放量之和。[5]

平板玻璃生产企业温室气体排放核算和报告指南。平板玻璃生产企业核算的温室气体仅二氧化碳一种，核算对象为从事平板玻璃

---

[1] 企业厂界内生活能耗导致的排放原则上不在核算范围内，参见《中国电解铝生产企业温室气体排放核算方法与报告指南（试行）》中"四、核算边界"。

[2] 具体核算方法参见《中国电解铝生产企业温室气体排放核算方法与报告指南（试行）》中"五、核算方法"。

[3] 《中国镁冶炼企业温室气体排放核算方法与报告指南（试行）》中"编制说明：主要内容"和"三、术语和定义"。

[4] 《中国镁冶炼企业温室气体排放核算方法与报告指南（试行）》中"四、核算边界"和"一、适用范围"。

[5] 具体核算方法参见《中国镁冶炼企业温室气体排放核算方法与报告指南（试行）》中"五、核算方法"。

产品生产的独立法人企业和视同法人的独立核算单位。① 核算边界为核算对象生产系统产生的温室气体排放，包括直接排放（燃料燃烧排放、工业生产过程产生的排放）和间接排放（净购入的电力、热力消费产生的排放），如还存在其他产品生产活动，则还应按照相关行业企业的指南分别核算；如无相关核算方法，仅核算这些产品生产活动中化石燃料燃烧引起的排放。② 温室气体排放总量等于企业边界内所有生产系统的化石燃料燃烧排放量、工业生产过程排放量以及企业净购入的电力和热力消费的排放量之和。③

水泥生产企业温室气体排放核算和报告指南。水泥生产企业核算的温室气体仅二氧化碳一种，核算对象为从事水泥熟料和水泥产品生产的独立法人企业和视同法人的独立核算单位。④ 核算边界为核算对象生产系统产生的温室气体排放，包括直接排放（燃料燃烧排放、工业生产过程产生的排放）和间接排放（净购入的电力、热力消费产生的排放），如还存在其他产品生产活动，则还应按照相关行业企业的指南分别核算；如无相关核算方法，仅核算这些产品生产活动中化石燃料燃烧引起的排放。但水泥企业生产过程中使用的生物质燃料燃烧所产生的二氧化碳，不需进行核算。⑤ 温室气体排放总量等于企业边界内所有生产系统的化石燃料燃烧排放量、工业生产过程排放量以及企业净购入的电力和热力消费的排放量之和。⑥

---

① 《中国平板玻璃生产企业温室气体排放核算方法与报告指南（试行）》中"编制说明：主要内容"和"三、术语和定义"。
② 《中国平板玻璃生产企业温室气体排放核算方法与报告指南（试行）》中"四、核算边界"。
③ 具体核算方法参见《中国平板玻璃生产企业温室气体排放核算方法与报告指南（试行）》中"五、核算方法"。
④ 《中国水泥生产企业温室气体排放核算方法与报告指南（试行）》中"编制说明：主要内容""三、术语和定义"。
⑤ 《中国水泥生产企业温室气体排放核算方法与报告指南（试行）》中"四、核算边界""编制说明：需要说明的其他问题"。
⑥ 具体核算方法参见《中国水泥生产企业温室气体排放核算方法与报告指南（试行）》中"五、核算方法"。

陶瓷生产企业温室气体排放核算和报告指南。陶瓷生产企业核算的温室气体仅二氧化碳一种，核算对象为从事陶瓷制品生产的实行独立核算的经济组织。[①] 核算边界为核算对象生产经营状况下产生的温室气体排放，包括直接排放（燃料燃烧排放、生产工艺过程产生的排放）和间接排放（净购入生产用电产生的排放），如还存在其他产品生产活动，则还应按照相关行业企业的指南分别核算。[②] 温室气体排放总量等于企业边界内化石燃料燃烧排放量、工业生产过程排放量以及企业净购入的电力所蕴含的排放量之和。[③]

民用航空企业温室气体排放核算和报告指南。民用航空企业核算的温室气体仅二氧化碳一种，核算对象为从事航空运输业务的具有法人资格的企业和视同法人的独立核算组织，包括公共航空运输企业、通用航空企业以及机场企业。[④] 核算边界为核算对象在经营过程中产生的温室气体排放，包括直接排放（燃料燃烧排放）和间接排放（净购入使用电力、热力产生的排放），如还存在其他产品生产活动，则还应按照相关行业企业的指南分别核算。[⑤] 温室气体排放总量等于燃料燃烧排放量与净购入使用的电力、热力产生的排放量之和。[⑥]

[①] 《中国陶瓷生产企业温室气体排放核算方法与报告指南（试行）》中"编制说明：主要内容""三、术语和定义"。

[②] 但不包括边界内部后勤、员工出差、组织购买原料、生产管理、销售系统、居民区生活耗能和用电产生的 CO_2 排放，参见《中国陶瓷生产企业温室气体排放核算方法与报告指南（试行）》中"四、核算边界"。

[③] 具体核算方法参见《中国陶瓷生产企业温室气体排放核算方法与报告指南（试行）》中"五、核算方法"。

[④] 《中国民用航空企业温室气体排放核算方法与报告指南（试行）》中"编制说明：主要内容""一、适用范围""三、术语和定义"。

[⑤] 《中国民用航空企业温室气体排放核算方法与报告指南（试行）》中"一、适用范围""四、核算边界"。

[⑥] 具体核算方法参见《中国民用航空企业温室气体排放核算方法与报告指南（试行）》中"五、核算方法"。

二 试点地区立法框架

根据中国《立法法》的规定，地方性立法包括以下几类：（1）省、自治区、直辖市的人民代表大会及其常务委员会以及省、自治区的人民政府所在地的市，经济特区所在地的市和经国务院批准的较大的市的人民代表大会及其常务委员制定的地方性法规；（2）省、自治区的人民政府所在地的市、经济特区所在地的市和经国务院批准的较大的市的人民政府制定的地方政府规章。

除了上述两类法律文件之外，还有地方政府有关部门编制的碳排放报告与核查的地方标准和技术文件，以及交易机构制定的交易规则等。

各试点省市的地方立法的基本框架和核心内容均以各地发布的有关碳排放权交易的"试点通知"或"实施意见"为依据，除深圳市制定了地方性法规外，其他地区仅采用了地方政府规章的形式；同时，除北京市外，其他试点省市都制定了具有"宪法性"和具有综合性的"管理办法"，其他专门的地方政府规章和指导性技术文件均为"管理办法"的实施性文件。

（一）概述

2011 年 10 月 29 日，国家发改委印发《关于开展碳排放权交易试点工作的通知》，批准北京、天津、上海、重庆、湖北、广东和深圳 7 省市开展碳排放权交易试点工作，要求各试点地区着手研究制定碳排放权交易试点管理办法，明确试点的基本规则，测算并确定本地区温室气体排放总量控制目标，研究制定温室气体排放指标分配方案，建立本地区碳排放权交易监管体系和登记注册系统，培育和建设交易平台。同年 12 月，国务院下发《"十二五"控制

温室气体排放工作方案》，要求制定相应法规和管理办法，研究提出温室气体排放权分配方案，逐步形成区域碳排放权交易体系。随即，各试点省市按照国务院和国家发改委的指示，相继开展了碳交易的地方立法、政策和标准的研究和制定工作。

深圳市率先开始了碳交易的地方立法工作。2012 年 10 月 30 日深圳市第五届人民代表大会常务委员会第十八次会议通过了地方性法规《深圳经济特区碳排放管理若干规定》，系中国首部碳交易地方性法规。2014 年 3 月深圳市政府五届一百零五次常务会议审议通过了《深圳市碳排放权交易管理暂行办法》（深圳市人民政府令第 262号），并于 2014 年 3 月 19 日起施行。深圳市碳交易立法的其他规范性文件还包括：2012 年 11 月深圳市市场监督管理局颁布的《组织的温室气体排放量化和报告规范及指南》（SZDB/Z 69 – 2012）和《组织的温室气体排放核查规范及指南》以及深圳市住房和建设局发布的《建筑物温室气体排放核查规范及指南》《建筑物温室气体排放的量化和报告规范及指南》四项标准化指导性技术文件；深圳排放权交易所发布的《深圳排放权交易所现货交易规则（暂行）》。

北京市发改委编制的《北京市碳排放权交易试点实施方案》经北京市政府批准后，于 2012 年 1 月 30 日报请国家发改委审定，同年 10 月 29 日发改委办公厅复函原则上予以同意。2013 年 11 月22 日，北京市发改委向该市有关单位下发《开展碳排放交易试点工作的通知》（京发改规〔2013〕5 号）。该通知包含 5 个附件：《北京市碳排放权交易试点配额核定办法（试行）》《北京市企业（单位）二氧化碳核算和报告指南（2013 年版）》《北京市碳排放交易核查机构管理办法（试行）》《北京市温室气体排放报告报送流程》和《北京市碳排放交易注册登记系统操作指南》。2013 年12 月 27 日，北京市人大常委会通过了《关于北京市在严格控制碳排放总量前提下开展碳排放权交易试点工作的决定》，对碳交易的基本制度框架进行了规定。

2011 年国家发改委发改气候〔2011〕3226 号文同意了《天津市低碳城市试点工作实施方案》。2013 年 2 月 15 日，天津市政府同意并印发了《天津市碳排放权交易试点工作实施方案》。2013 年 12 月 20 日，天津市政府根据试点工作实施方案确定的重点制度建设任务，制定发布《天津市碳排放权交易管理暂行办法》，并于同日开始施行。同月 24 日，天津市发改委根据《天津市碳排放权交易管理暂行办法》，下发《关于开展碳排放交易试点工作的通知》（津发改环资〔2013〕1345 号）。该通知包含 8 个附件分别涉及企业配额分配方案、各行业碳排放量的核算、碳排放报告编制以及碳排放交易登记注册系统指南等事项。此外，天津排放权交易所在 2013 年底至 2014 年初密集地颁布了有关碳排放权交易的规则，涉及交易所会员管理、交易规则、结算规则、风险控制管理等事项。

2012 年 7 月 3 日，上海市政府发布《上海市人民政府关于开展碳排放交易试点工作的实施意见》。2013 年 11 月 18 日上海市政府发布《上海市碳排放管理暂行办法》（上海市人民政府令第 10 号），并于同月 20 日施行。随后，上海市发改委根据《上海市碳排放管理暂行办法》确立的基本框架、要求以及立法委任，制定了《上海市 2013～2015 年碳排放配额分配和管理方案》（沪发改环资〔2013〕168 号），颁布了 10 个不同行业和单位的温室气体排放核算和报告方法指南等技术文件，以及《上海市碳排放核查第三方机构管理暂行办法》《上海市碳排放核查工作规则（试行）》等。

2012 年 9 月 7 日，广东省政府印发《广东省碳排放权交易试点工作实施方案的通知》（粤府函〔2012〕264 号）。2013 年 11 月 25 日，广东省发改委印发了《广东省碳排放权配额首次分配及工作方案（试行）》（粤发改资环函〔2013〕3537 号），2014 年 1 月

15 日广东省政府颁布《广东省碳排放管理试行办法》（粤府令 197 号），并于同年 3 月 1 日施行。2014 年 3 月 18 日，广东省发改委印发《广东省企业碳排放信息报告与核查实施细则（试行）》《广东省企业二氧化碳排放信息报告指南（试行）》和《广东省企业碳排放核查规范（试行）》。

重庆市早在国家发改委确定为试点省市之前即已开展碳交易试点实施方案的研究和编制工作。2011 年 4 月 27 日重庆市政府印发《重庆市碳排放交易实施方案编制工作计划及任务分工》（渝办〔2011〕20 号），随后制定了《重庆市碳排放交易实施方案》。2014 年 4 月 26 日，重庆市政府颁布了《重庆市碳排放权交易管理暂行办法》（渝府发〔2014〕17 号），重庆市发改委据此制定了《重庆市碳排放配额管理细则（试行）》《重庆市企业碳排放核查工作规范（试行）》《重庆市工业企业碳排放核算报告和核查细则（试行）》《重庆市工业企业碳排放核算和报告指南（试行）》等地方政府规章。作为碳配额交易的机构，重庆联合产权交易所也发布了交易规则、结算及结算风险管理、信息管理、违规违约处理等办法。

湖北省政府 2013 年 2 月 18 日印发了《湖北省碳排放权交易试点工作实施方案》（鄂政办发〔2013〕9 号），2014 年 4 月 4 日颁布了《湖北省碳排放权管理和交易暂行办法》（政令第 371 号）。此外，湖北省发改委还制定和颁布了有关纳入企业碳排放报告、第三方机构核查等方面的规范性文件，湖北碳排放权交易中心也发布了《湖北碳排放权交易中心交易规则（试行）》《湖北碳排放权交易中心会员管理办法（试行）》《湖北碳排放权交易中心交易收费标准（暂行）》《湖北碳排放权交易中心交易违规违约处理办法（试行）》《湖北碳排放权交易中心交易风险控制管理办法（试行）》等与碳交易有关的交易规范。

上述 7 省市碳交易试点的法律框架的主要内容包括地区配额总

量控制目标和覆盖行业企业范围、配额核定方法和分配、温室气体测量、报告和核查规则（MRV）、纳入企业的履约、碳排放权交易制度、核证减排量抵消规则、市场监管体系等，对于指导和规范各地的碳交易行为和管理行为发挥了积极作用，为建立全国性的碳交易法律制度起到了有益的先驱作用。

（二）各试点地区立法框架的主要问题

1. 规范性文件的层级较低，权威性、稳定性和透明度有待加强

根据中国《立法法》的规定，中国法律文件的层级只有法律、行政法规、地方性法规、自治地条例、国务院部门规章和地方政府规章，其中，地方政府规章为效力位阶最低的法律文件，且需由省级人民政府或较大的市人民政府制定。目前 7 个试点省市中，除深圳市同时制定了地方性法规和地方政府规章外，其余地区虽然都有立法计划，但目前已经出台的规范性文件均由发改委和其他政府部门制定，并不属于中国《立法法》规定的法律文件，只是政府工作部门制定的政策，相较于法律，更易于变动，权威性和稳定性不够，难以固化碳交易管理部门的管理工作和形成碳交易参与者的稳定预期。一些地方法律框架中对市场有较大影响的配额有效期、配额调整、市场调控、配额拍卖等事项的程序规定缺失，计算公式中的参数确定不透明，使得市场赖以健康运行的法律框架透明度较为缺乏。

2. 行政许可和行政处罚的设定不符合法律规定

根据中国《行政许可法》第 14、15、17 条确立的有关行政许可的设定制度，只有法律、行政法规、国务院决定、地方性法规、省级人民政府制定的政府规章有权设定行政许可，其他规范性文件一律不得设定行政许可。目前，关于碳排放核查机构及核查人员的资质许可均由各地发改委制定的规范性文件设定，且目前中国有权

设定行政许可的法律文件并未设定此类许可，涉嫌违反行政许可设定法定原则。此外，根据中国《行政处罚法》第2章（行政处罚的种类和设定）有关条款的规定，只有法律，行政法规，地方性法规，国务院部委规章，省级人民政府和省、自治区人民政府所在地的市和国务院批准的较大的市人民政府制定的规章有权设定相应的行政处罚种类，规章只能设定警告或者一定数量罚款两种行政处罚，且金额须由省、自治区、直辖市人大常委会规定。目前，中国并无法律、行政法规、国务院部委规章设定了违反碳交易管理规定行为的行政处罚种类，各试点省市中只有深圳特区制定的地方性法规《深圳经济特区碳排放管理若干规定》和北京市人大常委会通过的《关于北京市在严格控制碳排放总量前提下开展碳排放权交易试点工作的决定》设置了行政罚款条款，其他地区关于违反碳交易管理规定行为的行政处罚均由发改委制定的规范性文件设定，违反行政处罚法定的原则。

碳交易及其管理具有很强的政策性，且目前尚处于摸索的试点阶段，立法建议，甚至立法的内容可以先由政策提出和倡议，但不能代替和违背法律。各试点地区在推动试点工作的过程中都已经认识到碳交易在立法上的缺失，正在开展相关的立法程序。

3. 有些试点地区处罚力度较弱，甚至不可执行，不能有效地激励管控企业履约

有的地区（如重庆、天津）并未规定实质性的行政处罚，有的地区（如湖北）即使规定了行政罚款，却限定了行政罚款的最高额度；限期改正制度可操作性存疑，因为基于现有的配额调整规定，政府将在履约截止期后才能对其违法事实进行认定，而违约企业有可能已经无法购得该履约年度的配额；过低的处罚标准导致企业违法成本高于其因违法行为而获取的收益，不能对其履约构成有效约束。

4. 交易所设立面临立法障碍

《国务院关于清理整顿各类交易场所切实防范金融风险的决定》（国发〔2011〕38号文）对各类交易所及交易业务进行了限制，使得各试点地区所进行的碳交易在产品标准化、连续交易等方面都存在一定的法律障碍。目前各地在制度设计上都力图避免与上述法规直接冲突。但碳交易的特点确定了其本身即为标准化的产品，这一本质上的冲突将只能通过全国性立法才能彻底解决。

表1 中国碳试点法律框架

地区	政策名称	发布机关
全国	温室气体自愿减排交易管理暂行办法	国家发展改革委
北京	关于北京市在严格控制碳排放总量前提下开展碳排放权交易试点工作的决定	北京市人大常委会
	北京市碳排放权交易公开市场操作管理办法（试行）	北京市发展和改革委员会、北京市金融工作局
	北京碳排放配额发放规则	北京市发展和改革委员会
	关于规范碳排放权交易行政处罚自由裁量权的规定	北京市发展和改革委员会
	北京碳排放权交易场内交易规则	北京市发展和改革委员会
	北京市碳排放配额场外交易实施细则	北京市发展和改革委员会
上海	上海市碳排放管理暂行办法	上海市人民政府
	上海市人民政府关于开展碳排放交易试点工作的实施意见	上海市发展和改革委员会
	上海市2013~2015年碳排放配额分配和管理方案	上海市发展和改革委员会
	上海市温室气体排放核算与报告指南（试行）	上海市发展和改革委员会
	上海市碳排放配额登记管理暂行规定	上海市发展和改革委员会
	上海市碳排放核查工作规则（试行）	上海市发展和改革委员会
	上海市碳排放核查第三方机构管理暂行办法	上海市发展和改革委员会
	上海环境能源交易所碳排放交易结算细则（试行）	上海环境能源交易所

续表

地区	政策名称	发布机关
上海	上海环境能源交易所碳排放交易信息管理办法(试行)	上海环境能源交易所
	上海环境能源交易所碳排放交易风险控制管理办法(试行)	上海环境能源交易所
	上海环境能源交易所碳排放交易违规违约处理办法(试行)	上海环境能源交易所
	上海环境能源交易所碳排放交易规则	上海环境能源交易所
	上海环境能源交易所碳排放交易会员管理办法(试行)	上海环境能源交易所
深圳	深圳经济特区碳排放管理若干规定	深圳市人大
	深圳市碳排放权交易管理暂行办法	广东省深圳市人民政府
	《组织的温室气体排放的量化和报告规范及指南》——深圳市标准化指导性技术文件	深圳市市场监督管理局
	深圳排放权交易所现货交易规则(暂行)	深圳排放权交易所
广东	广东省碳排放管理试行办法	广东省人民政府
	广东省碳排放权交易试点工作实施方案	广东省人民政府
	广东省碳排放权配额首次分配及工作方案(试行)	广东省发展和改革委员会
	广东省碳排放权配额管理细则	广东省发展和改革委员会
	广东省企业碳排放信息报告与核查实施细则(试行)	广东省发展和改革委员会
天津	天津市碳排放权交易管理暂行办法	天津市人民政府
	天津市碳排放权交易试点工作实施方案	天津市人民政府
	天津排放权交易所排放权交易规则	天津排放权交易所
	天津排放权交易所排放权交易结算细则	天津排放权交易所
	天津市企业碳排放报告编制指南(试行)	天津市发展和改革委员会
	天津排放权交易所排放权交易风险控制管理办法	天津排放权交易所
	天津市碳排放权交易试点纳入企业碳排放配额分配方案(试行)	天津市发展和改革委员会

续表

地区	政策名称	发布机关
湖北	湖北省碳排放权管理和交易暂行办法	湖北省人民政府
	湖北省碳排放权交易试点工作实施方案	湖北省人民政府
	湖北省碳排放权交易试点配额分配方案	湖北省发展和改革委员会
重庆	重庆市碳排放权交易管理暂行办法	重庆市人民政府
	重庆联合产权交易所碳排放交易风险管理办法	重庆市发展和改革委员会
	重庆联合产权交易所碳排放交易结算管理办法	重庆市发展和改革委员会
	重庆联合产权交易所碳排放交易违规违约处理办法	重庆市发展和改革委员会
	重庆联合产权交易所碳排放交易细则	重庆市发展和改革委员会
	重庆联合产权交易所碳排放交易信息管理办法	重庆市发展和改革委员会
	重庆市发展和改革委员会关于印发重庆市碳排放配额管理细则	重庆市发展和改革委员会
	重庆市工业企业碳排放核算报告和核查细则(试行)	重庆市发展和改革委员会
	重庆市工业企业碳排放核算和报告指南(试行)	重庆市发展和改革委员会
	重庆市企业碳排放核查工作规范(试行)	重庆市发展和改革委员会

B.3

BLUE BOOK

中国碳市场总体

摘　要：

中国试点地区的碳交易市场采取严格的场内交易模式，并在配额分配上除了广东省少量的拍卖配额外，其余配额都向控排企业免费分配。所有试点地区配额总量的确定主要依据国家关于强度减排的地方分解指标。配额分配采用历史法和基准法或两者结合等方法。总体来看，试点地区配额分配较为宽松，湖北等少数地区配额偏紧。很多试点地区都采取了年初预分配配额，年底再根据实际发电量或产量进行调整的政策，虽然有一定的限制，但其结果可能导致配额总量呈上升趋势。中国核证自愿减排量 CCER 的市场因各试点地区对抵消的项目和减排量产生时间的限制而被分割，限制严格的地区将可能出现较高的价格。全国碳市场推出后 CCER 将有可能供不应求。中国碳交易指数（China Carbon Index，CCI）及成交量显示，第一个履约年度的二级市场表现出强烈的季节性交易特点，履约期临近时出现较大的成交量和波动，其他时间成交量明显下降，一些地区出现长时间零成交。现阶段中国的试点地区配额价格与试点企业的边际减排成本没有直接和重要的关联。中国碳市场的金融化所需满足的很多重要条件尚不具备。市场已经开始出现一些非标准的碳金融产品。

关键词：

配额分配　CCER　中国碳交易指数　碳金融产品

一　配额市场

（一）场内与场外交易

根据碳排放权交易可分为一级市场和二级市场。在一级市场中，作为交易标的的碳排放权包括以下两类：一类是原始取得于主管机关核定的配额量，系主管机关准予其向大气排放一定当量二氧化碳的财产权利；另一类是经主管机关核定并签发的、可用于抵消其配额的自愿减排量。在二级市场中，受让方继受取得出让方源于一级市场取得的排放配额和经核证的自愿减排量。受让方继受配额的目的无非有两个：一个是配额管理单位在其经核定的实际排放量高于其原始取得的配额时，用于履行其减排义务；另一个是包括配额管理单位在内的碳市场投资者为取得再次出售获得的收益。根据交易方式，二级市场又可分为场内交易市场和场外交易市场，前者是指碳配额交易各方通过多边交易平台（交易机构）公开竞价的市场，后者是指碳配额交易双方直接协商进行交易的市场。

中国 7 个试点地区的配额登记簿由发改委（DRC）设立管理，配额变更、过户的功能直接与当地经政府许可的唯一的碳排放权交易所（或环境交易所）交易平台对接，并通过接受交易所成交指令划转配额过户。这一制度安排是排他性的，即账户所有者不能通过进入后台直接管理自己的登记簿账户，而只能通过交易所的交易行为达成配额的过户。因此严格意义上讲，在中国是不存在类似欧

盟市场的"场外交易"的。但如果扩张解释"场外交易"概念，也可以将一些不通过交易所签订的非标准的民事合同视为场外交易。这一制度设计虽然限制了很多交易的创新行为，但符合现阶段中国市场管理能力的现状。

（二）配额分配

配额分配的方式上各试点地区毫无悬念的都选择了高比例免费配额，占12亿吨总量的约99%。

目前中国的试点地区均实行二氧化碳排放强度目标约束下的相对总量控制，将本地区二氧化碳排放大户纳入强制性配额管理范畴，试图减少和控制二氧化碳排放量。由于各地碳排放水平、经济发展阶段、产业结构以及纳入配额管理单位的确定标准、碳排放量核算方法等不尽一致，纳入强制性配额管理的单位数量、所处行业存在差异，配额总量差异很大。

现阶段国家立法中强度减排标准是可执行的生效标准，因此各试点地区确定总量时占多数排放量的行业都按照强度标准进行，配额调整政策成为配额发放中的"最大补丁"。虽然各地调整政策为了避免配额总量过于宽松，均制定了调增配额时的限制条件（年度下降系数或调增不能超过调减总量等），但各地配额总量的绝对量在未来一段时期内仍会处于上升通道将不可避免。

各试点地区根据国家发改委的有关文件，结合当地产业结构现状及发展趋势、约束性降耗和减排指标等因素，确定了本地配额总量控制目标、纳入强制性配额管理的企业或单位名录以及配额分配方案。配额管理企业或单位覆盖的行业类型基本相似，主要包括燃煤、燃气发电等能源企业和其他高耗能高排放工业企业和建筑物，核定其配额的方法也大体相似，不外历史排放法（大多以历史碳排放为标准，少数以历史综合能耗为标准）、行业基准法以及前述两者合并使用三种。根据各地纳入标准和分配方案，2013年广东省纳入配额管理的企业有202家（后来经核定有18家不符合控排企业条件，实际为184家），配额总量为3.88亿吨，仅次于欧盟近20亿吨的碳市场，位居世界第二；湖北省2014年履约企业138家，配额总量（预分配）3.24亿吨，为世界第三大碳市场；北京490家，配额总量0.78亿吨；上海市197家，配额总量1.6亿吨；深圳市635家企业，197栋公共建筑物，配额总量为0.3亿吨；天津市114家，配额总量1.6亿吨；重庆市240家，配额总量（预分配）为1.26亿吨。各试点地区纳入强制性配额管理的企业或单位总数达到2200多家，配额总量12亿吨。

表1　2013履约年度碳试点政策覆盖范围

单位：家，万吨 CO_2/年

试点市场	履约时间	纳入企业标准	纳入企业数量	碳市场总量
深圳	6月30日	(1)工业:年排放3000吨 CO_2 以上 (2)建筑:大型公共建筑和建筑面积达到1万平方米以上的国家机关办公建筑	工业企业: 635 建筑类: 197	3000
上海	6月30日	(1)工业:年排放2万吨 CO_2 以上 (2)非工业:年排放1万吨 CO_2 以上	197	16000
北京	6月15日	年排放1万吨 CO_2 以上	490	7800
广东	6月20日	年排放2万吨 CO_2 以上	242	38800
天津	6月30日	年排放2万吨 CO_2 以上	114	16000
湖北	5月31日	年综合能耗6万吨标煤以上	138	32400
重庆	6月20日	2008~2012年任一年度排放量达到2万吨二氧化碳当量的工业企业	240	13000

表2 配额分配方法（既有设施）

试点地区	其他工业行业分配方法	电力行业分配方法	拍卖机制及比例
深圳	上一年度实际工业增加值×上一年度目标碳强度	上一年度生产总量×上一年度目标碳强度	不低于3%（非强制）
上海	历史排放基数＋先期减排配额＋新增项目配额	年度单位综合发电量碳排放基数×年度综合发电量×负荷率修正系数	无
北京	历史排放量×控排系数	实际供电量×历史排放强度×控排系数（燃气设施控排系数为100%，燃煤设施2013年、2014年、2015年控排系数分别为99.9%、99.7%、99.5%）	无
广东	历史排放量×年度下降系数×行业景气因子	历史平均产量×基准值×年度下降系数×行业景气因子	3%（强制）2014履约年度为非强制
天津	历史排放量×控排系数×绩效系数	实际发电量×历史排放强度×控排系数（2013年、2014年、2015年控排系数分别为1、0.99、0.98）	
湖北	历史排放量×0.9192	（历史排放量×0.9192）×0.5＋超出的发电量×基准值	政府预留配额的30%（非强制）
重庆	基于申报量和配额总量控制下的分配方案		2015年前全部免费

虽然试点地区松紧程度不同，但从上述配额分配的总体情况看，我国试点地区的配额分配较为宽松，基本可以满足企业未来发展的需要。其主要原因有两方面。一方面是在总量设计上采用较为宽松的历史基数。其中，重庆最为突出，如电力行业采用每个排放企业历史年份的最高产值对应的排放作为基数。该基准因为过于宽

松，未来存在改变的可能。广东省电力行业2013履约年度的配额分配也对应前几年较高发电量的基数。另一方面是试点地区普遍采取年度配额调整的方式，对产量发生重大变化的企业调增免费配额。对于电力行业，除了广东省2013履约年度不调增外（2014履约年度也改为按照发电量调增），其余所有地区的电力行业配额都实行年底调整制度，调整部分与发电量直接相关。对于除电力外的其他行业，重庆、深圳和湖北都实施了根据产量变化进行调整的政策。

表3　试点地区配额调整表

试点地区	电力	其他行业	调整内容
北京	○	×	根据发电量调整
天津	○	×	根据发电量调整
上海	○	×	根据发电量调整
重庆	○	○	根据电量、产量调整，限制一定比例
深圳	○	○	根据电量、工业增加值调整，调增部分不超过调减总额
广东	○	×	2014履约年度根据发电量调整
湖北	○	○	根据发电量、产量可申请调整，但缺口或盈余不超过20万吨/单个企业或20%

（三）配额市场成交

配额分配的总体宽松和对碳交易的低认知度导致目前中国试点碳市场交易量较小。截至2014年8月29日，各试点地区二级市场总成交量13021775吨，总成交金额49681万元。深圳、湖北市场的成交量较大，其余地区成交量较小。其中，重庆、广东、天津的二级市场经常出现长时间近零成交。

表4　试点地区碳市场成交量

单位：吨，万元

项目	北京	上海	深圳	广东	天津	湖北	重庆
二级市场成交量	961855	929011	1658523	1145324	236000	5277783	145000
二级市场成交金额	5804. 7518	3638. 2312	11310. 2263	6247. 9810	487. 5059	12526. 3087	445. 7500
协议转让成交量	1072221	624449	0	147849	823760	0	0
协议转让成交金额	4254. 4203	2453. 4960	0	810. 6799	1701. 6434	0	0
总成交量	2034076	1553460	1658523	1293173	1059760	5277783	145000
总成交金额	10059. 1721	6091. 7272	11310. 2263	7058. 6610	2189. 1494	12526. 3087	445. 7500

注：广东数据不含拍卖成交 1112. 35 万吨、6. 67 亿元。统计截止日期 2014 年 8 月 29 日。

（四）中国碳市场指数（CCI）

由于各试点地区政策和市场的差异性，市场价格差别较大。低碳发展国际合作联盟（LCDICA）设计了中国碳市场指数（CCI），从由第二个开市的市场（上海2013年11月26日）开始，CCI即代表了加权后的各试点地区碳价总体走势。从分析中国碳指数可以知道，试点地区碳市场季节性履约特征非常明显。

从2013年11月26日至2014年9月1日的CCI走势可以看出，中国碳市场经历了3个月的平稳期，成交量很小，指数在105点左右小幅波动；2014年2月18日至2013年3月18日，中国碳市场经历一波上涨，指数从109点涨到126点，涨幅17个百分点；自2014年3月中旬到各地履约截止日前，中国碳市场指数围绕120

点周边大幅震荡，最高达到 131 点，最低为 114 点，成交量明显放大，最大单日总成交量超过 70 万吨。履约期结束后，指数开始走低至 100 点以下，成交量巨幅下滑。随着履约期的临近，各个试点的交易逐渐频繁，是指数价格波动增大的一个重要原因。同时，作为中国碳市场的风向标，中国碳指数围绕 120 点波动说明各个市场价格走势出现分歧，预示着单独试点市场出现持续的单边上涨或下跌的概率较之前有所减小。履约期结束后 CCI 走低，最低至 90 点附近，主要原因之一是具有最大权重的广东省宣布取消强制拍卖政策，并制定了阶梯式的拍卖底价，最低底价为 25 元/吨，为市场带来碳价走低的预期。

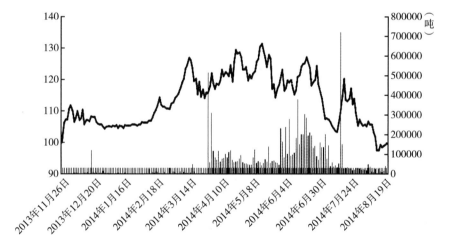

图 1　中国碳指数（CCI）

除深圳、广东市场价格呈现大幅波动外，其他四个市场价格均保持平稳（截至 2014 年 9 月 1 日，重庆除首日交易外，无二级市场成交）。六个市场中并无持续单边上涨、下跌行情出现。深圳市场的波动与投资行为密切相关，广东市场的巨幅下跌与其强制底价拍卖定价过高及配额分配总体略显宽松有关。最高价格出现在深圳市场，达到 102 元/吨，最低价出现在天津，每吨 18.9 元。

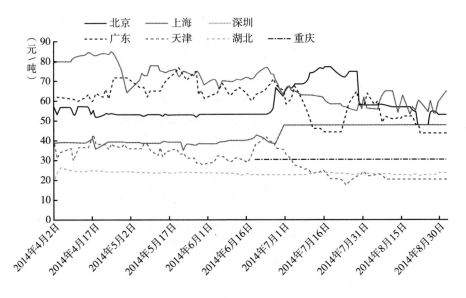

图 2 试点地区碳价

二 CCER 市场

（一）试点阶段 CCER 市场

根据中国自愿减排交易信息平台 8 月 15 日发布的信息，现已公示的自愿减排项目一共有 277 个，包括第一类项目 132 个，第二类项目 13 个，第三类项目 125 个，第四类项目 7 个，总减排量在 3700 万吨左右。

对于已有减排量的第三类项目，项目从公示到减排量公示需6～8 个月，预计可以在 2014 年履约期内签发；对于第一类、第二类项目、第四类项目，从公示到减排量签发的时间需更久，其中大部分在 2014 年履约期内签发的可能性不大；对于第四类项目暂不考虑。因此，对于 2014 年履约期内 CCER 的供给分析，我们只计算已公示的第三类项目，其中少数第一类、第二类、第四类项目即使可在2014年履约期内完成签发，对 CCER 总的供给量影响也不会很大。因此，预计2014年履约期内 CCER 供给量为2480万吨左右。

根据《可再生能源发展"十二五"规划》，"十二五"阶段可再生能源主要指标年均增长率为11.5%，预计这一数字最为接近 CCER 项目年增长率；CCER 供给基数选取为现有已公示项目中的第一类、第二类、第四类项目减排量总和，约为1245万吨。因此，预计2015年履约期内 CCER 供给量为1388万吨。

表5 2014年及2015年履约期内 CCER 供给量

单位：万吨

项目	2014年履约 （截至2015年6月）	2015年履约 （截至2016年6月）
CCER 供给量	2480	1388

由于北京、重庆、广东、湖北4个试点地区对 CCER 的使用进行了地域限制，实际上将全国 CCER 市场分割为5个市场，分别为：北京、重庆、广东、湖北及沪津深市场。其中，重庆、湖北因仅能使用当地产生 CCER 而成为独立市场，北京、广东成为半独立市场。在政策不变的情况下，上述地区 CCER 业主方将不倾向于用当地产 CCER 参与其他试点地区交易。截至2014年9月1日，根据发改委网站公布的信息，重庆市当地 CCER 供给为21万吨，湖北当地供给为189万吨；广东省当地供给288万吨，北京市当地供给38万吨。

需求端，考虑到各市场中部分配额大量盈余企业不会继续购买 CCER 用以储备，对于流动性不强的市场，企业难以购买 CCER 卖出配额进行套利。因此，简单地用 CCER 抵消上限计算可能会大幅高估真实的 CCER 需求量。

北京方面，从目前掌握的信息来看，北京市场流动性虽不及湖

北市场，但是与广东、上海、天津市场相比更为活跃。因此，北京市场对CCER的需求介于市场缺口和CCER抵消上限之间。考虑到部分石化行业配额富余企业可能不会有CCER套利的意愿，及本地CCER无法满足需求，预计2014年履约期内CCER总需求量（非北京市产）为190万吨左右。

湖北方面，湖北市场的流动性在7个试点市场中始终名列前茅，因此足以为CCER套利操作提供足够的流动性。扣除大型排放企业因交易账户最多20万吨的出售限制因素，湖北市场2014年履约期内CCER理论总需求接近CCER抵消上限，为2900万吨左右，但因湖北省内供给难以满足需求，此需求无法转移至省外地区。

广东方面，广东市场流动性较差，加之大量企业配额大量盈余，无须购买CCER。因此，预计广东省2014年CCER总需求量由两部分组成：一部分是除电力行业企业外企业购买CCER以抵消配额缺口，预计为80万吨，另一部分是除电力行业企业外部分企业购买CCER以抵消3%的有偿配额，预计为480万吨，两项加总共计560万吨。

上海方面，从2013年履约期内市场表现看，上海市场的流动性比重庆、天津好，但不足以完全满足企业的CCER套利操作。因此，预计上海市场内对CCER的需求主要来自补足配额缺口用于履约，部分来自购买CCER卖出配额套利，约200万吨。

天津方面，由于天津市场流动性较差，加之企业履约的积极性不强。我们推测，企业靠购买CCER套利的低成本履约意愿可能非常低，2014年履约期内CCER需求量为100万吨左右。

从2013年履约期内市场表现看，深圳市场的流动性较好。因此，深圳2014年履约期CCER需求量基金抵消上限比例，约为300万吨。

重庆方面，自6月19日开市以来始终无交易，企业的富余配额无法卖出。根据相关政策，配额管理单位的审定排放量超过年度所获配额的方可使用CCER进行抵消，因此预计重庆2013年及

2014 年履约期内几乎无 CCER 需求。

2015 年履约期需求方面，根据各地的单位 GDP 能耗、GDP、能耗与排放的转化系数，可得出各省近几年的排放以及增长率。各地增长率近似代替 2015 年履约期内 CCER 需求量增长率。2015 年履约期内 CCER 需求量在北京市出台专门的抵消规则后存在一定的变数。北京市更为严格的抵消限制给其他试点地区带来类似的预期。如果其他地区也开始实施更为严格的抵消限制，将减少 CCER 的总体需求。

表 6　2008～2011 年六试点地区年度碳排放量及年均增长率

单位：万吨碳排放，%

地区	2008 年	2009 年	2010 年	2011 年	年均增长率
北京	19867	19885	22177	20140	0.81
天津	17180	16976	20571	21614	8.35
重庆	19817	20822	24115	25759	9.32
湖北	40189	43043	51000	48342	6.79
广东	71035	72915	82492	80885	4.61
上海	30427	29534	32998	32029	1.95

表 7　2014～2015 年履约期内 CCER 总需求量

单位：万吨

年份	2014	2015
北京	300	302
天津	100	108
重庆	0	50
湖北	2900	3097
广东	560	586
上海	200	204
深圳	300	314
总计	4360	4661

注：深圳增长率数据用广东增长率数据代替。

（二）统一市场 CCER 总供需情况分析

碳市场试点期结束后，全国统一碳市场将逐渐形成，CCER 的需求方将从七个试点省市扩大到全国，CCER 的需求量将有很大的提升，预计这一时间将在 2015 年履约期结束之后。

CCER 供给方面，按照 CCER 项目年增长率 11.5% 计算，2016 年全国市场建成后新增的 CCER 为 1550 万吨左右，加之 2014 年、2015 年履约期内市场剩余 CCER，总量将达到 2500 万吨。

CCER 需求方面，预计全国市场统一后流动性大幅增强，企业可以进行买入 CCER 卖出配额的套利操作，因此 CCER 需求量接近最高抵消上限。根据全国能源消耗折算成排放量，假设有 50% 的排放量将被纳入碳市场，且 CCER 的抵消量为 5%，则总需求量为 28500 万吨左右。按照现在的供给速度，全国市场统一后 CCER 将会供不应求。

三 影响碳价的因素

（一）"公允价格"

我国试点地区的交易品种包括碳排放配额，CCER 以及少数地区（北京）核证节能量换算的碳减排量。节能量换算的碳减排因为总量较小，可以忽略。碳配额在进入市场前是立法提供的公共物品，产生配额的制度成本不由排放企业承担，因此碳配额的市场价格取决于其稀缺性和市场供需。然而，碳交易制度本身的目的在于利用市场机制倒逼排放企业减排行为，因此碳价的"合理价格"或"公允价格"与碳配额市场价格的差价将是评价碳交易制度是否实际产生减排效果的重要理论指标。

根据一般认可的理论，边际减排成本是排放权配额的"公允价格"或"合理价格"的重要参考指标。企业依据自身边际减排成本决定是否购买排放权配额。如果边际减排成本高于排放权配额的价格，企业将购买额外的排放权配额；如果边际减排成本低于排放权配额的价格，企业将减少购买额外的排放权配额，或者是将排放权配额进行出售。[①]为了实际达到减排的目的，"好"的碳配额市场价格应该高于企业的减排成本。换言之，立法及其配套制度所形成的配额稀缺性带来的市场预期，应该使碳配额价格高于减排成本。但行业与产品的数量众多，减排成本的差别也很大。所谓"碳公允价格"，实际上是由各行业的边际减排成本共同决定的。目前理论上并无认可度较高的行业边际减排成本的计算结果，因此公允价格的确定存在很大的困难。

从欧盟经验来看，尽管基于 CDM 项目的减排交易所产生的 CERs 以及配额交易产生的 EUAs（欧盟配额）的价格不同，但两者都面临着因市场波动而带来的价格风险，影响价格的因素也基本相似，如都要受到欧盟 NAP（国家分配计划）、气候、能源、燃料等因素的影响。[②]当然，二级市场，特别是线上公开交易价格的形成机理上含有一定的投机成分。

（二）价格发现机制

本报告认为，至少现阶段中国的试点地区配额价格与试点企业的边际减排成本没有直接和重要的关联，否则难以解释 7 个试点地区纳入企业所属行业相同或相似，而交易价格相差很大的现象。试点阶段乃至全国市场统一后的较长一段时期内，配额价格将与行业

---

① Gernot Klepper, Sonja Peterson，"Marginal Abatement Cost Curves in General Equilibrium：The Influence of World Energy Price，"*Resource and Energy Economics*，28（2006），p. 17.

② Maria Mansanet‐Bataller，Julien Chevallier et al.，"The EUA‐sCER Spread ：Compliance Strategies and Arbitrage in the European Carbon Market，"*Working Papers*，2010.

纳入范围与企业总量、配额分配政策、MRV 及执法严格程度、投资机构准入、CCER 抵消政策以及中国加入有约束力的国际条约前景等因素相关。

在价格发现的手段上，政府公开拍卖方式和二级市场价格发现方式各有优势。前者是最好的一级市场价格发现手段，直接体现了市场对配额的稀缺性的预期，但同时面临很多棘手问题。比如，在中国这样仍然以发展为主、GDP 将保持较长时期增长的发展中国家，拍卖比例过高企业无法承受碳约束成本，比例过低会影响价格发现机制的效果；有底价的拍卖在配额总量宽松的背景下将使价格发现失真，无底价的拍卖又会直接导致拍卖失败；强制企业参加一定比例配额拍卖无异于征税，而自愿参加拍卖在配额总量宽松背景下拍卖量将很小，影响价格发现。

二级市场的价格发现能力与市场参与方的多样性和流动性等因素相关。目前中国试点市场交易参与方较单一（仅有控排企业和少量投资者），市场交易极易成为对赌行为；市场预期配额总量宽松和政策未来变化的可能性也使配额盈余企业没有出售获利的意愿而影响流动性。

基于项目的 CCER 价格的影响因素理论上相对简单，可以从开发成本及抵消产生的市场需求两方面进行分析。以一个年减排量 12 万吨的风电项目为例，在国内自愿减排项目开发过程中，注册阶段的开发费用约为 35 万元，每次核查阶段的开发费用约为 20 万元。如只考虑 2013～2015 年，则项目签发三年 CCER 的总成本为 95 万元。以三年减排量共 36 万吨测算，CCER 开发成本为 2.6 元/吨。此外，考虑到相关交易成本和投资成本，开发成本将在 3 元/吨左右。①

---

① 参见低碳发展国际合作联盟、中国企业管理研究会低碳分会《中国上市公司碳约束报告（总报告）》。

当然，大水电等减排量较大的项目在每吨开发成本上将更低，但政策上的不确定性会导致开发动力的减弱。

截至 2014 年 9 月 1 日，国家 CCER 登记簿尚未上线，备案进行 CCER 交易的交易所也未有实际的交易发生，仅有一些零星的媒体报道。目前 CCER 处于仅有一级市场的状态，主要采取买卖双方直接协商确定价格和数量的交易方式。从理性经济人的角度分析，基于履约抵消动机而交易形成的 CCER 价格应当低于配额价格，但在一些情况下，出于不同的政策法律与市场环境，CCER 价格有可能接近配额价格。

碳排放权交易是典型的立法创设市场，政策因素对碳价的影响至关重要。目前，试点省市均规定配额管理单位可用一定比例的 CCER（有的规定相对于实际碳排放量的比例，多数规定相对于配额数量的比例）抵消其配额，但多数地区比例均较低（最高不超过 10%），且对项目来源区域进行了严格限制（大多限定在本试点区域内）。少数地区如北京还实行了节能量折算的碳减排量抵消政策。这些政策使本来可以成为形成全国统一碳市场的积极因素——CCER 被认为分割为若干不同的市场，使得 CCER 开发的前景变得极为混乱。

在配额分配总体宽松的大背景下，目前 CCER 的价格将主要参考卖方项目开发成本和投资收益，且流动性虽有可能高于配额市场，但仍会因为政策对市场的分割和政策变化的不可预见性，影响市场流动性。极端情况下甚至有可能出现类似 CER 市场目前项目注册数多而签发陷于停滞的状况。鉴于 CCER 抵消政策的良好运转是碳交易制度设计中达成实际减排效果的核心要素之一，因此国家层面的立法上应该坚决反对对 CCER 使用的各种不合理的限制措施，促进 CCER 项目开发与交易。

四　金融工具与中国碳市场

金融理论与实践证明，在合适的监管环境下，期货等衍生品是价格发现、风险对冲最为有效的方式。碳排放权作为一个法律拟制的交易品种，其价格发现比一般具有使用价值或资产净值参考的交易品种更复杂。如果没有有效的价格发现机制，碳交易将无法真正起到碳减排的实际作用。

在众多碳金融工具或衍生产品中，碳期货最受碳市场青睐。碳排放权现货交易和期货交易在国际碳交易市场中几乎同时诞生，2005 年初欧盟气候交易所运行后不久，就推出了与欧盟配额挂钩的期货交易，随后又引入了欧盟配额期权交易，2007 年 9 月与自愿核证减排量挂钩的期权和期货产品也相继问世。2011 年底全球碳市场的规模是 1760 亿美元，其中，现货交易比例是 2%，期权是 10%，期货是 88%。[①] 碳期货等交易形式的出现一方面使得碳排放权得以自由流通，增加了碳交易金融衍生品种的类型，放大了碳市场的流动性，碳排放权的商品属性进一步加强；另一方面，从欧美国家的经验来看，碳期货在碳现货交易价格的发现、碳交易主体的套期保值和交易风险管理等方面发挥了积极作用。

我国试点地区颁布的实施方案和碳交易管理暂行办法或试行办法在限定现阶段仅限于配额现货交易外，同时也明确了鼓励适时推出期货等其他交易品种的发展方向。目前推出碳期货产品和其他衍生品的障碍有如下几个方面。

一是期货等衍生品产生的重要条件之一：现货交付的可靠性尚难以满足。例如，即使政府储备配额可以实现作为交付的保障手

[①]　*State and Trends of the Carbon Market 2012*，World Bank.

段，但储备配额如何拍卖、具体程序如何规定等基本要素在几乎所有的试点地区都没有明确。二是目前现货市场的流动性和投资者的多样化程度还无法满足期货等衍生品的推出。三是试点地区的配额分配虽然采用基本相同的方法学和标准予以核定，但分配政策仍有很多技术细节尚处在逐渐完善过程中。即使试点地区进行了相应的完善，如何与全国市场的核算标准接轨，也存在很多需要提前准备的工作。目前，作为监管部门的中国证监会已经就碳期货的推出开始了前期调研工作。

碳期货等金融衍生品虽然尚未在交易所推出，但一些非标准化的交易方式已经开始在中国试点地区的市场上出现。例如，低碳发展国际合作联盟会员企业报告了在一些试点地区进行配额与 CCER 的互换业务和非标准化的类期权产品。银行等金融机构也尝试在债券发行、理财产品等传统金融产品中增加与碳资产相关的内容。

分 报 告

Pilots' Market Reports

B.4

北京碳市场报告

摘　要：

北京市在"十二五"期间明确了2015年末排放总量控制的目标为2010年的119%，形成了一个带增量的总量控制体系，并将企业和非企业两类排放单位纳入碳交易体系，其中非企业类的政府部门、公共场所等的纳入是全国试点地区首创。在配额分配方面采用历史法，但对电力行业实行根据发电量的配额调整政策，非电力行业不予调整。从北京市纳入控排单位数量上看，存在高比例的配额缺口。市场对投资机构开放，但暂不对自然人开放。北京对履约中使用CCER抵消进行了地域限制和减排量产生的时间限制，并规定了有特色的节能项目减排量可以用于抵消履约的制度。市场出现较明显的季节性交易特征，因为配额分配出现的大比例缺口，北京配额价格较高。最初确定的履约期有高比例的企业未能履约，推迟履约期并强化履约执法后，控排单位履约率大幅上升。

关键词：

　　北京市碳市场　配额调整　配额缺口　CCER 地域限制

一　立法（政策）介绍

（一）地区碳排放总量与年度配额总量的设定

　　北京市根据现阶段地区经济社会发展实际、趋势和国家下达的"十二五"期间单位 GDP 二氧化碳下降 17% 的任务要求，初步设定了地区所有强制市场参与者 2015 年直接排放总量为 2010 年的 119% 的总量控制目标，[①] 并据此明确了重点排放单位在首个交易期内（2013～2015 年）的排放配额总量和年度配额数量，后者由首个交易期内的既有设施配额、新增设施配额、配额调整量三部分构成，[②] 已经核定排放配额的重点排放单位，可以向主管部门申请变更配额，主管部门在次年履约期前参考第三方核查机构的审定结论，对排放配额进行相应调整，实施多退少补。[③] "十二五"期间已率先采取了节能减碳措施、成效显著的企业（单位），可向市主

---

① 《北京市碳排放权交易试点实施方案》（报审稿）中"三、（一）"。
② 《北京市碳排放权交易试点配额核定方法（试行）》中"七"。
③ 重点排放单位可在因改制、改组、兼并和分立、新建、改扩建等原因，导致本年度二氧化碳排放量相对上年度变动达到 5000 吨或 20% 以上时提出配额变更申请，参见《北京市碳排放权交易试点配额核定方法（试行）》中"五"。

管部门提出配额奖励申请。①

重点排放单位的当年年度配额只有在次年履约前核定并发放新增配额和调整配额之后才能最终确定。②

（二）重点排放单位范围

根据北京市发展和改革委员会的《关于开展碳排放权交易试点工作的通知》，北京市纳入碳排放配额管理的单位包括两类：一类是重点排放单位，即年二氧化碳直接排放量与间接排放量之和大于1万吨（含）的单位，此类单位需履行年度控制二氧化碳排放责任；另一类是自愿参加并参照重点排放单位进行管理的单位，即年综合能耗标准煤2000吨（含）以上的其他单位。③

根据官方文件，北京市有400多家年均直接或间接碳排放总量1万吨（含）以上企业纳入试点企业，同时也有100多家非企业（事业单位、国家机关办公大楼等）纳入。④在所有试点地区中，北京市是唯一将非企业类单位纳入碳交易管理的地区，官方没有发布纳入的理由，实际运行的效果有待检验。

（三）企业（单位）配额的确定

重点排放单位的排放配额由既有设施配额、新增设施配额、配额调整量三部分构成，除政府预留的少部分配额通过拍卖方式进行分配外，其余均免费发放。⑤

---

① 《北京市碳排放权交易试点配额核定方法（试行）》中"七"。
② 参见《北京市碳排放权交易试点配额核定方法（试行）》中"六 关于配额发放流程的规定"。
③ 《北京市发展和改革委员会关于开展碳排放权交易试点工作的通知》中"二、3."
"三、3."。
④ 北京市发改委网站，http://www.bjpc.gov.cn/tztg/201308/t6508700.htm，最后访问时间：2014年7月1日。
⑤ 《北京市碳排放权交易试点实施方案》（报审稿）中"三、（一）"。

第一，既有设施的配额核定。重点排放单位既有设施的配额区分不同行业分别采取基于历史排放总量的核定方法和基于历史排放强度的核定方法。历史排放总量核定方法适用于制造业、其他工业和服务业企业（单位），其配额总量为此类企业（单位）2009年、2010年、2011年、2012年四年二氧化碳排放总量平均值与控排系数的乘积。后者适用于供热企业（单位）和火力发电企业，其配额总量为此类企业（单位）核定年份设施的供电量与2009年、2010年、2011年、2012年设施供电二氧化碳排放强度的平均值的乘积与核定年份的供热量与2009年、2010年、2011年、2012年设施供热二氧化碳排放强度的平均值的乘积之和再乘以控排系数。首个交易期内每年的控排系数逐年降低，体现了总量控制、逐步减少的原则（各行业年度控排系数如表1所示）。[①]

表1   北京市各行业年度控排系数

单位：%

年份	2013	2014	2015
制造业和其他工业企业	98	96	94
服务业企业（单位）	99	97	96
火力发电企业的燃气设施	100	100	100
火力发电企业的燃煤设施	99.9	99.7	99.5
供热企业（单位）的燃气设施	100	100	100
供热企业（单位）的燃煤设施	99.8	99.5	99.0

第二，新增设施二氧化碳排放配额核定方法。不区分企业（单位）所属行业，新增设施二氧化碳排放配额按所属行业的二氧化碳排放强度先进值进行核定，其计算公式为"新增设施二氧化碳排放对应的活动水平×新增设施二氧化碳排放所属行业的二氧化

---

① 《北京市碳排放权交易试点配额核定方法（试行）》中"三、1.，2."、"一、2."。

碳排放强度先进值"。①

第三，非电力和供热行业的配额调整的门槛较高，调整总量也有控制。一是要求本年度二氧化碳排放量相对上年度变动达到5000 吨或20%以上，而非与本年度分配的配额相比；二是调整量不得超过年度配额总量的5%（包括用于市场调节的数量）。

（四）履约制度

重点排放单位应当于次年的 6 月 15 日前上缴与其经核查的上年度排放总量相等的排放配额（含核证自愿减排量），用于抵消上年度的碳排放量，上缴配额须为上年度或此前年度的排放配额，清算后剩余配额可储存使用。核证自愿减排量可用于抵消其排放量（1 吨核证自愿减排量可抵消 1 吨二氧化碳排放量），使用比例不得高于当年排放配额数量的5%。可用于抵消的减排量除国家认可的CCER 外，还包括节能项目经认证的节能量导致的减排和林业碳汇，但排除了水电和工业气体减排量。北京市对用于抵消的核证自愿减排量的来源区域进行了限制，要求产生于北京市辖区内项目获得的核证自愿减排量必须达到 50%以上，如果单独使用区域外减排量，只能使用 2.5%；同时，源于北京市辖区内重点排放单位和参与碳排放权交易的非重点排放单位的固定设施化石燃料燃烧、工业生产过程和制造业协同废弃物处理以及电力消耗所产生的核证自愿减排量，不得用于抵消。② 此外，所有适用抵消的减排量必须是

---

① 《北京市碳排放权交易试点配额核定方法（试行）》中"四""一、4."。行业二氧化碳排放强度先进值是主管部门在参照国内外同一行业、同类产品的先进排放水平，结合本市相关行业实际情况下综合确定的，用于核定企业（单位）新增固定设施排放配额的参数。目前北京市在行业二氧化碳排放强度先进值问题上尚处于研究阶段，未对外公布取值。

② 《北京市发展和改革委员会关于开展碳排放权交易试点工作的通知》中"三、4."；《北京市碳排放权抵消管理办法》。

2013 年以后产生的。

重点排放单位超出配额许可范围进行排放的，由市人民政府应对气候变化主管部门责令限期履行控制排放责任，并可根据其超出配额许可范围的碳排放量，按照市场均价的 3~5 倍予以处罚。[①]

（五）碳排放量化、报告与核查（MRV）

履行碳排放量化和报告义务的企业（单位）包括报告单位和重点排放单位，前者是指年综合能耗 2000 吨标准煤（含）以上的在京注册登记的企业（单位）并自行对其排放报告的完整性、真实性和准确性负责；后者即强制纳入配额管理的企业（单位），此类企业不仅须履行报告义务，且其编制的排放报告须委托经主管部门备案的核查机构进行核查，并于每年 4 月 30 日前向主管部门提交加盖公章的纸质版排放报告和第三方核查报告。每年 5 月 31 日前，主管部门完成排放报告和核查报告的审核及抽查工作，核查报告两次审核不通过的，由主管部门指定核查机构重新核查，其核查结果作为最终结论。

（六）交易制度

北京市碳配额交易的平台是北京环境交易所。目前，北京市碳排放权交易只针对二氧化碳一种温室气体，主要交易标的物为二氧化碳排放配额，包括直接二氧化碳排放权、间接二氧化碳排放权和由中国温室气体自愿减排交易活动产生的中国核证减排量（CCER），以及经主管部门批准的其他产品。交易参与人分为履约机构交易参与人和非履约机构交易参与人，即重点排放单位、年综

---

① 《北京市人民代表大会常务委员会关于北京市在严格控制碳排放总量前提下开展碳排放权交易试点工作的决定（表决稿）》中"四"。

合能耗 2000 吨标准煤（含）以上和年二氧化碳排放量 1 万吨以下的排放者以及符合条件的其他企业（单位）均可参与交易，① 个人尚不能成为交易主体。

交易采取两种方式：一种是配额集中交易，即交易双方没有关联关系或者非大宗交易，交易双方通过设在北京环境交易所的电子交易平台系统，按照该交易所的碳排放权交易规则进行交易；另一种是配额场外交易，即交易双方具有关联关系或大宗交易，应当采取场外协商的方式进行交易，但仍须经电子交易平台完成交割。②

此外，北京市还采取了诸如财政资金和金融服务支持等政策引导和支持措施，建立了重点排放单位履约信息公开制度和价格预警等机制。③

二 立法（政策）对市场的影响

（一）配额总量与纳入单位

截至 2014 年 8 月 1 日，北京市官方尚未公布最终确定的 2013 年度的经过调整后的配额总量。但根据 2015 年直接排放总量为 2010 年的 119% 的总量控制目标测算，2013 年度的配额总量约为 7800 万吨，纳入企业 490 家，覆盖范围包括制造业及其他工业企

---

① 《北京市碳排放权交易试点实施方案（报审稿）》中"二、（一）"；《北京环境交易所碳排放权交易规则（试行）》中"2.2.2"。

② 根据北京市发展和改革委员会、北京市金融工作局于 2013 年 11 月 22 日颁布的《北京市碳排放配额场外交易实施细则（试行）》的规定，配额场外交易是交易双方直接进行碳排放配额买卖磋商的交易方式，适用于三种情形下的交易：（1）两个（含）以上具有关联关系的交易主体之间的关联交易；（2）单笔配额申报数量超过 10000 吨（含）的大宗交易；（3）经相关主管部门认定的其他交易。

③ 价格预警机制是指当排放配额交易价格出现异常波动时，北京市发改委将通过拍卖或回购配额等方式稳定碳排放交易价格，参见《关于开展碳排放权交易试点工作的通知》中"五、4."。

业、服务企业、燃煤发电企业、供热企业以及公共建筑物等，占全市排放总量的40%左右。

发电及供热行业在年底根据实际发电和供热数据进行调整，在能效数据变动不大的情况下，行业的缺口比例不大，仅体现在逐年降低的控排系数上；制造业、其他工业和服务业企业则采用历史排放总量方法，除了控排系数带来的缺口增加外，如果产量上升，也将导致缺口增加。虽然有调整机制，但调整总量控制较严，基本体现了总量控制、逐步减少的配额分配原则。

总体来看，北京市配额分配稍偏紧。因为排放企业门槛较低，每家重点排放单位年均配额数量不到16万吨，单个企业缺口较小。调查表明，60%~70%的重点排放单位存在履约缺口。

（二）抵消政策

北京市是唯一公布专门的《碳排放权抵消管理办法》的试点地区。该办法对抵消的一系列限制带来如下效果：禁止水电、工业气体以及减排量产生时间在2012年底以前的用于抵消，事实上排除了pre-CDM项目（发改委规定的第三类项目）和大量的水电项目；增加了节能带来的减排量，这一规定实际上将其他地区配额初始分配中考虑前期节能减排工作的因素纳入了抵消范畴考虑；因不要求强制配比本地产生减排量的抵消，因此在缺乏本地减排量且其他类型减排量较少的背景下，CCER实际抵消比例可能仅有2.5%。因北京市市场总量不大，上述制度对全国市场不会产生大的影响。

截至2014年9月1日，根据发改委公布的数据测算，可用于2014履约年度的北京市本地CCER理论供给仅为38万吨，对其他地区CCER的需求量约为190万吨。鉴于上述供需失衡的状况，在2014履约年度内适用于北京抵消的CCER价格将明显高于其他地区。

（三）交易制度

北京市在各试点地区中首先发布了碳排放权交易公开市场操作管理办法，通过配额拍卖、配额回购等公开市场操作方式调节碳市场交易活动，其中配额回购制度在全球碳市场属首次推出。根据该管理办法，北京市将对预留的不超过年度配额总量5%的配额采用拍卖的方式发放，当配额的日加权平均价格连续10个交易日高于150元/吨时，主管机关组织临时拍卖，增加配额供给；当配额日加权平均价格连续10个交易日低于20元/吨时，主管机关组织回购，减少配额供给。回购制度是政府调控的重要手段之一。但回购的程序与透明度需要进一步观察。

北京市也允许投资机构进入，但因市场规模较小，目前尚未有机构投资者进行大量交易。

（四）履约制度

在原定的履约期截止时，257家单位未完成其履约义务，未履约的企业超过50%，其中包括很多中央政府机构和中央管理的企业，后延长履约期后，仍有约50家重点排放单位尚未完成履约，占纳入管控企业总量的11.5%。尽管北京市对未履约企业规定了较严的行政责任（可处超过配额部分排放量按市场均价3~5倍计算的罚款），但由于多数企业存在缺口，超排企业面临无配额可买的局面，这也是北京市场履约情况不如其他4个试点地区的重要原因。北京市的实践初步表明，非企业类排放单位纳入碳交易体系值得商榷。

（五）MRV

北京采取政府采购模式实施MRV，单笔核查费用较高。此种模式是否能在未来持续进行，单笔核查费用是否可以维持在一个足以保障核查机构严格实施的水平上值得进一步观察。

三 市场表现

（一）市场总体分析

从北京碳排放配额（BEA）价格走势看，开市后至 2014 年初，价格在 50～55 元/吨波动；2014 年 1 月至 2014 年 3 月底，价格呈波动上涨趋势；2014 年 4 月初至 2014 年 6 月底，价格上涨趋势结束，呈剧烈震荡状态；2014 年 7 月初至 7 月底，价格呈单边上涨趋势，随后在数天之内迅速回落，截至 8 月 1 日，市场价格为 58 元/吨，比开盘价上涨 13.17%。

从 BEA 的交易量看，市场启动至 2014 年 2 月中旬，市场基本无成交量；2 月中旬至 5 月底，成交量出现缓慢放大，但仍维持在较低的水平；从 5 月底开始，随着履约期的临近，成交量大幅上升。6 月 3 日至 8 月 1 日的日均成交量在 1.9 万吨左右。

Aroon 指标显示，自开市以来北京市场的 Aroon_up 为 0.93，Aroon_down 为 0.22。单纯从 Aroon 指标的技术分析角度看，北京市场自开市以来长期处于一个上升通道中，但未来市场走势还要结合基本面分析来综合判断。

表 2　北京市场 Aroon 指标

项目	指标值
Aroon_up	0.933735
Aroon_down	0.216867

（二）履约专题分析

北京 2013 年履约时间原定为 2014 年 6 月 15 日，后延迟至 6 月 27 日，履约结束后仍有大量配额短缺企业在市场上购买配额。从价格角度看，6 月底至 7 月末价格持续上涨，最高价格达到 77 元/吨，最大连续上涨达到 23.3%。这种价格持续上涨的原因来自于未在履约时间内完成配额上缴的企业急于购买配额进行补交。

从成交量角度看，实际履约日 6 月 27 日前一个月的总成交量为 45 万吨，占开市以来总成交量的 46%；实际履约日过后一个月的成交量为 40 万吨，占开市以来总成交量的 42%，这与北京市场特殊的"配额补交"现象有关。上述两个月总成交量占北京市场开市以来总成交量的 88%，说明北京市场的活跃度存在明显的"季节性"，以"履约"为目的的市场参与者成为市场的主体。

"类威廉指标"显示，实际履约日前一个月的"类威廉指标"为 1，实际履约日过后一个月的"类威廉指标"为 0.56。两指标值均大于 0.5，从技术分析的角度看，说明市场买方占了主动，价格上涨趋势明显，这与北京市场配额分配情况有关。

表3　北京市场月度"类威廉指标"

项目	指标值
2013 年 12 月	− 0.25
2014 年 1 月	0.27
2014 年 2 月	1.00
2014 年 3 月	0.46
2014 年 4 月	− 0.32
2014 年 5 月	− 0.10
2014 年 6 月	0.69
2014 年 7 月	− 0.23
5 月 27 日至 6 月 27 日	1.00
6 月 27 日至 7 月 27 日	0.56

表 4 北京市场总结

项目	值
首日交易价格(元/吨)	50
8 月 1 日收盘价(元/吨)	58
涨跌幅(%)	16.00
最高收盘价(元/吨)	77
最低收盘价(元/吨)	50
最高收盘价涨幅(%)	54.00
最低收盘价跌幅(%)	0.00
波动率(%)	11.72
日均成交量(吨)	6034.463
实际履约前一月成交量(万吨)	45
实际履约前一月成交量占比(%)	46.00
实际履约后一月成交量(万吨)	40
实际履约后一月成交量占比(%)	42.00

B.5
上海碳市场报告

摘　要:

上海市在推出碳市场之前将所有立法文件先期公布。配额总量设定总体上较为均衡。对电力、航空、港口、机场等采用基准法分配配额,钢铁、石化等其他工业企业采用历史法。对于电力行业也采取了年底根据实际电量调整配额的政策,但因为基准线设置较为严格,电力行业普遍存在缺口。市场先期不对投资机构和自然人开放。一次性将整个三年减排期的配额全部发放,但对非履约年份的配额交易实行一定的限制。履约中使用 CCER 没有地域限制。交易规则中,30% 涨跌幅的限制为所有试点地区最高。市场表现出较明显的季节性交易特征,政府安排了履约期前的拍卖。100% 的履约率为试点地区最高。

关键词:

上海碳市场　履约率　CCER　配额调整　配额缺口

一　立法(政策)介绍

上海的立法(政策)包括以下三类:第一类是以政府令形式颁发的碳排放管理试行办法和试点实施意见,第二类是以主管部门颁发的配额分配和管理方案、碳排放核查制度以及管控单位所属

11 个行业的 9 个碳排放核算和报告指南，第三类是交易机构发布的交易会员、交易结算、交易信息、风险控制等管理规则和交易违法违规处理规定等，确立了总量控制、配额分配、报告核查、市场交易和监督管理等一系列管理制度。

（一）地区碳排放总量与年度配额总量的设定

《上海市碳排放管理试行办法》第 6、8 条确立了本地区碳排放配额总量的确定因素，即：根据国家控制温室气体排放的约束性指标，碳排放历史水平、行业特点、先期节能减排行动等因素，结合地区"十二五"期间经济增长目标、试点企业碳排放量占地区碳排放重量的比例以及合理控制能源消费总量目标等予以确定。

（二）试点企业范围

根据《上海市碳排放管理试行办法》和《上海市人民政府关于本市开展碳排放交易试点工作的实施意见》，纳入配额管理的排放单位分为两大类：一类是强制性纳入单位，即年度碳排放量达到规定规模的重点排放企业，包括钢铁、石化、化工、有色、电力、建材、纺织、造纸、橡胶、化纤等工业行业 2010～2011 年中任何一年二氧化碳直接排放和间接排放量 2 万吨及以上的重点排放企业以及航空、港口、机场、铁路、商业、宾馆、金融等非工业行业 2010～2011 年中任何一年二氧化碳直接排放和间接排放量 1 万吨及以上的重点排放企业；另一类是申请纳入配额管理的其他排放单位。[①]

2012 年 11 月 19 日上海市发改委公布了第一批碳排放交易试

---

① 《上海市碳排放管理试行办法》第 5 条，《上海市人民政府关于本市开展碳排放交易试点工作的实施意见》中"三、（一）"。

点企业名录，包括 197 家企业和建筑物。① 上海市还规定，在试点期间可根据实际情况，将试点企业的范围适当扩大至重点用能和排放企业。②

值得指出的是，上海市是唯一将航空业纳入的试点地区。

（三）试点企业配额的核定

试点企业的碳排放初始配额采取免费或有偿（如拍卖等）方式发放，③ 但《上海市 2013～2015 年碳排放配额分配和管理方案》仅明确了免费配额的分配方式，对于采用历史排放法分配配额的企业，一次性向其发放 2013～2015 年各年度配额；对于采用基准线法分配配额的企业，根据其各年度排放基准，按照 2009～2011 年正常生产运营年份的平均业务量确定并一次性发放其 2013～2015 年各年度预配额，并未就采取拍卖等有偿方式发放的情形和比例等问题作出任何规定。④

根据试点行业的不同特点和碳排放管理的现有基础分别采取历史排放法、基准线法两种方法对 2013～2015 年碳排放额进行分配。钢铁、石化、化工、有色、建材、纺织、造纸、橡胶、化纤等行业采用历史排放法，即综合考虑企业的历史排放基数、先期减排行动和新增项目等因素，确定企业年度碳排放配额；电力、航空、港口、机场等行业则采用行业基准线法，而每一个采用行业基准线法核定碳排放配额的因素和计算公式不尽相同。⑤

---

① 《上海市发展改革委关于公布本市碳排放交易试点企业名单（第一批）的通知》。
② 《上海市人民政府关于本市开展碳排放交易试点工作的实施意见》中"三、（一）"。
③ 《上海市碳排放管理试行办法》第 9 条，《上海市人民政府关于本市开展碳排放交易试点工作的实施意见》中"三、（五）"。
④ 《上海市 2013～2015 年碳排放配额分配和管理方案》中"三"。
⑤ 不同行业试点企业的历史排放法和行业基准线法的计算公式及取值方法参见《上海市 2013～2015 年碳排放配额分配和管理方案》中"二"。

（四）履约制度

试点企业应当于每年 6 月 1 日至 6 月 30 日期间，依据经主管部门审定的上一年度碳排放量，足额提交配额，履行清缴义务。用于清缴的配额应当为上一年度或者此前年度配额。本单位配额不足以履行清缴义务的，可以通过交易，购买配额用于清缴。配额有结余的，可以在后续年度使用，也可以用于配额交易，但不得预借。[①] 试点单位因解散、注销、停止经营或者迁出的，由主管部门审定当年碳排放量，试点单位根据审定的排放量履行清缴义务。[②]

试点企业合并时，其配额及相应的权利义务由合并后存续的单位或者新设的单位承继；试点企业分立时，依据排放设施的归属，配额及相应的权利义务由分立后拥有排放设施的单位承继。[③]

试点单位将国家核证自愿减排量（CCER）用于配额清缴，每吨国家核证自愿减排量相当于 1 吨碳排放配额，用于清缴配额的 CCER 比例最高不得超过试点单位当年度通过分配取得的配额量的 5%，用于抵消其减排义务的核证自愿减排量并未限定产生的区域，且为了避免冲减其碳排放配额，明确规定在其排放边界范围内的国家核证自愿减排量不得用于本市的配额清缴。[④]

试点单位未履行其配额清缴义务的，由主管部门责令履行配额清缴义务，并可处以 5 万元以上 10 万元以下的罚款；同时，将其

[①] 《上海市碳排放管理试行办法》第 16 条，《上海市人民政府关于本市开展碳排放交易试点工作的实施意见》中"三、（七）"。

[②] 《上海市碳排放管理试行办法》第 18 条。

[③] 试点企业合并后的配额承继分为两种情况：一种是试点企业相互之间合并，合并后的配额边界包括试点企业在合并前各自的配额边界；另一种是试点企业与非试点企业之间合并，合并后的配额边界为合并前试点企业的配额边界。参见《上海市 2013 ~ 2015 年碳排放配额分配和管理方案》中"五、1"。

[④] 《上海市碳排放管理试行办法》第 17 条，《上海市 2013 ~ 2015 年碳排放配额分配和管理方案》中"四"。

违法行为记入信用信息记录，对外公布，取消其享受当年度及下一年度本市节能减排专项资金支持政策的资格及 3 年内参与本市节能减排先进集体和个人评比的资格，项目审批部门不予受理对其下一年度新建固定资产投资项目节能评估报告表或者节能评估报告书。[①]

（五）碳排放量化、 报告和核查（MRV）

履行碳排放报告义务的单位包括两类，即试点单位和年度碳排放量在 1 万吨以上的非试点单位，两类单位均须于每年 3 月 31 日前向市发展改革部门报送上一年度碳排放报告。[②] 试点单位编制的碳排放报告还需要由第三方机构进行核查，第三方机构于每年 4 月 30 日前向主管部门提交核查报告。为加强对第三方核查机构的管理，规范其核查行为，确保试点单位碳排放报告和核查报告的准确性、真实性和完整性，为核定试点单位的碳排放配额以及确定其清缴额度，上海市制定了《上海市碳排放核查工作规则（试行）》对核查工作的总体要求、工作程序、现场核查准则、核查报告的编制要求作出了详细规定。[③]

在下列情形下，主管部门自收到第三方机构出具的核查报告之日起 30 日内，对试点单位的年度碳排放量复查并予以审定：年度碳排放量相差 10% 或者 10 万吨以上；年度碳排放量与前一年度碳排放量相差 20% 以上；纳入配额管理的单位对核查报告有异

---

① 《上海市碳排放管理试行办法》第 39、40 条。
② 《上海市碳排放管理试行办法》第 12 条。为了指导和规范试点单位的碳排放报告和核查工作，上海市发改委制定了钢铁、电力、热力、化工、有色金属、纺织、造纸、非金属矿物制造、运输站点以及旅游饭店、商场、房地产业和金融业办公建筑等各试点行业温室气体排放报告和核查的技术文件。
③ 具体内容参见《上海市碳排放核查工作规则（试行）》。

议，并能提供相关证明材料；其他有必要进行复查的情况。[①] 经主管部门复审后确定的碳排放量，作为试点单位履行上年度配额清缴义务的数量。

（六）交易制度

上海市碳配额的交易平台是上海环境能源交易所。目前的交易标的为碳排放配额，但鼓励探索创新碳排放交易相关产品。[②] 试点企业和符合本市碳排放交易规则规定的其他组织和个人可参与交易。[③] 上海市对碳交易主体实行会员制，包括可从事自营业务的所谓自营类会员以及既可以从事自营业务，也可以接受委托从事代理业务的所谓综合类会员，试点单位属于当然的自营类会员，并可申请成为综合类会员。[④] 除试点单位外的其他企业或组织，须在中国境内注册登记，且满足相应的注册资本金或净资产要求，个人尚不能成为交易会员。[⑤]

上海市碳排放权交易主要采用公开竞价和协议转让两种交易方式，单笔买卖申报超过 10 万吨的交易应当采取协议转让的交易方式。[⑥]

此外，上海市还建立了较为完善的交易风险管理制度，如涨跌幅限制制度、配额最大持有量限制制度以及大户报告制度、风险警示制度、风险准备金制度。

[①] 《上海市碳排放管理试行办法》第 15 条。
[②] 《上海市碳排放管理试行办法》第 19 条。
[③] 《上海市碳排放管理试行办法》第 21 条。
[④] 《上海市碳排放管理试行办法》第 22 条。
[⑤] 《上海环境能源交易所碳排放交易规则》第 14 条，《上海环境能源交易所碳排放交易会员管理办法（试行）》第 5、8 条。
[⑥] 《上海市碳排放管理试行办法》第 23 条，《上海环境能源交易所碳排放交易规则》第 35 条。

二 立法（政策）对市场的影响

上海市碳交易管理的立法、政策和交易规则在试点省市中最为透明和公开。在 2013 年 11 月 27 日开市交易之前，有关碳交易管理的地方政府规章和规范性文件以及交易规则均已对外公布。

（一）配额总量、 企业配额确定

根据上海市碳排放配额和管理方案，对试点企业一次性发放了 2013～2015 年试点期限的配额。试点企业为钢铁、石化、化工、有色、电力、建材、纺织、造纸、橡胶、化纤 10 个工业行业 2010～2011 年中任何一年二氧化碳排放量 2 万吨及以上（包括直接排放和间接排放）以及航空、港口、机场、铁路、商业、宾馆、金融等非工业行业 2010～2011 年中任何一年二氧化碳排放量 1 万吨及以上重点排放企业行业，试点企业实行碳排放报告制度，获得碳排放配额并进行管理，接受碳排放核查并按规定履行碳排放控制责任，2012～2015 年中二氧化碳年排放量 1 万吨及以上的其他企业为所谓"报告企业"，仅履行碳排放报告义务，其他重点用能和排放企业可根据实际情况适当纳入试点范围。遵循上述标准，确定了 197 家试点企业，基本覆盖了全市高耗能行业，占全市碳排放总量的 50% 以上。从 2013 年试点企业 100% 履约的情况和上海市政府在首期顺利履约之后的积极态度来看，有可能在随后的试点期限内逐步扩大试点企业范围。

上海市根据试点行业的不同特点和碳排放管理的现有基础分别采取历史排放法、基准线法两种方法对 2013～2015 年碳排放额进行一次性免费分配，前者适用于钢铁、石化、化工、有色、建材、纺织、造纸、橡胶、化纤等行业，后者适用于电力、航空、港口、机场等行业，初始配额总量为 1.6 亿吨。在各行业试点企业中，由于上海市地方标准对不同类型的发电机组年度综合发电量碳排放基准规定较低，试点电力企业均不同程度地存在配额缺口，需要通过拍卖或在交易市场购买配额履行其清缴义务。

（二）履约制度

在 2013 年配额清缴义务履行中，上海市 197 家试点企业均在法定时限内完成 2013 年度配额清缴工作，履约率达到 100%，成为本年有履约任务的五个碳排放权交易试点（深圳、上海、北京、广东、天津）中首个公布完成履约工作且唯一履约率达到 100% 的试点地区。

在 2014 年 6 月 30 日履约截止日，上海市为避免试点企业无法在二级市场获取配额，防止出现被动违约的风险，按照事先确定的方案，组织了配额有偿拍卖，拍卖底价为拍卖前 30 个交易日成交均价的 1.2 倍（即 48 元/吨），2 家试点企业以底价拍得配额 7220 吨。以高于二级市场成交价格的底价组织拍卖，向市场传递了碳价格信号，抑制了当天交易价格的剧烈波动风险。但同时，在履约截止日组织拍卖活动，已经完成履约或确定不会违反履约义务的试点企业积极性不高，这也是以拍卖底价成交的直接原因；此次拍卖对全年的碳价预期未能起到有效的引导作用，未来配额拍卖的时间选择有待进一步研究确定。

上海市对于未履约的试点企业的处罚较为严厉，除责令继续履行清缴义务外，同时并处罚款和其他形式的制裁，对敦促试点企业履约和参与交易起到了积极作用。上海市首个履约期的顺利完成证明了上海市碳交易试点制度设计上的有效性。

（三）交易制度与投资准入

2013 年度履约期，上海市环境能源交易所虽然设置了 ±30%

的涨跌停板幅度，在所有试点省市中幅度最大，但上海市成交量仅次于湖北和深圳，且价格走势平稳，波动较小，这与上海市碳交易主体仅限于197家试点企业，不允许自然人、机构投资者准入有关。

上海市在试点省市中唯一一次性发放三年试点期限配额，因而交易品种也最多；同时，上海市允许配额跨年结转，试点企业清缴之后的2013年配额可继续用于交易或者未来两年的配额履约，未来两年配额市场的流动性可能较为宽裕，对交易的活跃度和配额价格也会产生一定影响。对于非履约年度的配额交易设置了50%的上限，有利于提高流动性，同时降低违约风险。

2013年度履约期后，上海市针对市场流动性较差的特点，出台投资准入规定，并放松投资准入。[1] 除不允许外资机构开户外，机构投资者获准进入，注册资本金低至100万元。其规定中关于机构席位6个月未交易将对交易席位产生影响的规定是为提高流动性，但此硬性规定似有违自由市场原则，且在无做市商等制度配合下是否合理，有待观察。

三　市场表现

（一）市场总体分析

上海碳市场自2013年11月26日启动后，上海市2014年碳排放配额（SHEA14）和2015年碳排放配额（SHEA15）成交量极小，市场成交主要是围绕2013年碳排放配额（SHEA13）展开的。

从SHEA13价格走势看，自开市后至2014年春节前，价格呈

---

[1] 《上海环境能源交易所碳排放交易会员管理办法》。

缓慢上涨趋势；自春节后，价格在短期内呈单边连续上涨状态，最高超过 46 元/吨，直至 3 月初才基本稳定；在接近履约期的 5~6 月，市场成交价稳定在 40 元/吨左右；政府于 6 月底组织配额有偿拍卖后，市场价格上涨至 48 元/吨，约比开盘价上涨 77.78%。

从 SHEA13 的成交量看，除开市当日实现 6000 吨成交外，2013 年 11 月 27 日至 2014 年 2 月 12 日期间日成交量一直在 1000 吨以下；自 2014 年 2 月 13 日开始，成交量也呈现持续放大状态，日均成交量为 3000~4000 吨；在接近履约期的 5~6 月，成交量继续放大，有数个交易日的成交量超过 10 万吨；7 月 1 日至 8 月 1 日，随着履约期的结束，市场无成交。

Aroon 指标显示，自开市以来上海市场的 Aroon_up 为 0.34，Aroon_down 为 0.01。两指标均小于 0.5，说明市场的波动在逐渐减小。从 Aroon 指标的技术分析角度看，由于 Aroon_up 距离 1 还有一定距离，上海市基本场处于横盘震荡状态，上涨或下跌的趋势都不太明显。

表 1　上海市场 Aroon 指标

项目	指标值
Aroon_up	0.337278
Aroon_down	0.005917

（二）履约专题分析

上海 2013 年履约时间为 2014 年 6 月 30 日，在 6 月 30 日履约日政府以高于市场价的价格组织拍卖帮助剩余企业完成履约。从价格角度看，6 月初至 6 月末上海配额（SEEE）价格围绕 39 元/吨小幅震荡，并未出现大幅上涨或下跌的趋势，说明这一市场价与上

海配额的真实供需情况比较接近。

从成交量角度看，履约日6月30日前一个月的总成交量为63万吨，占开市以来总成交量的60%，说明上海市场的活跃度存在明显的"季节性"，以"履约"为目的的市场参与者成为市场主体。

"类威廉指标"显示，履约日前一个月的"类威廉指标"为0.11，为避免政府拍卖对市场价格的干扰，2014年6月的"类威廉指标"不计算6月30日的拍卖价格。从技术分析的角度看，履约日前一个月内市场买方略占主动，价格有一定上涨趋势，但由于指标离1还有一定差距，不能判断市场处于上升通道中。

表2 上海月度"类威廉指标"

时间	指标值
2013年11~12月	0.93
2014年1月	0.97
2014年2月	0.63
2014年3月	−0.22
2014年4月	−0.22
2014年5月	−0.13
2014年6月（履约月）	0.11
2014年7月	NA

表3 上海市场总结

项目	值
首日交易价格(元/吨)	27
8月1日收盘价(元/吨)	48
涨跌幅(%)	77.78
最高收盘价(元/吨)	48
最低收盘价(元/吨)	27

续表

项目	值
最高收盘价涨幅(%)	77.78
最低收盘价跌幅(%)	0.00
波动率(%)	12.50
日均成交量(吨)	7012.523
实际履约前一月成交量(吨)	636975
实际履约前一月成交量占比(%)	60.20

B.6
天津碳市场报告

摘　要：

天津市配额总量设定总体上较为均衡至偏松。对包括电力在内的所有行业都采取了历史法确定免费配额。对于电力行业也采取了年底根据实际电量调整配额的政策，但非电力行业不予调整。市场对投资机构和自然人开放，且免收开户费。履约中使用CCER没有地域限制。交易规则中，订单成交方式为所有试点地区最具特色的，实际效果接近远期交货合约。市场表现出较明显的季节性交易特征，流动性较差，价格较低。少数企业未能履约。

关键词：

天津碳市场　履约率　CCER　配额调整　配额缺口

一　立法（政策）介绍

（一）排放总量与年度配额总量的设定

《天津市碳排放权交易管理暂行办法》第6条明确了地区碳排放配额总量的确定因素，即根据碳排放总量控制目标，国家产业政策、地区行业发展规划，并综合考虑历史排放、行业技术特点、减排潜力等因素确定配额总量。其中，2013～2015年度碳排放总量控制目标依据单位地区生产总值二氧化碳排放下降任务要求，综合考虑经济发展及行业发展阶段予以确定。

（二）纳入企业范围

《天津市碳排放权交易试点纳入企业碳排放配额分配方案（试行）》将 2013 年首期碳排放配额的分配对象，即纳入企业分为两类：一类是重点排放企业，包括钢铁、化工、电力热力、石化、油气开采等行业中 2009 年以来排放二氧化碳 2 万吨以上的企业或单位；另一类是自愿申请加入的企业。后续 2014～2015 年试点期限内纳入企业的范围将根据地区控制温室气体排放的情况进行调整。①

2013 年 12 月 18 日，天津市发改委发布了参加首期试点的 114 家纳入企业名单。②

（三）纳入企业配额的核定

天津市对纳入企业碳排放配额的分类采取了与北京市基本相同的划分，将纳入企业的配额分为既有产能配额和新增设施配额，前者为基本配额和调整配额之和，依据纳入企业的既有排放源活动水平进行分配；后者因纳入企业启用新的生产设施造成排放发生重大变化时而新增的配额。③

纳入企业的配额采取以免费发放为主、以拍卖或固定价格出售

---

① 《天津市碳排放权交易试点纳入企业碳排放配额分配方案（试行）》中"一"。
② 《市发展改革委关于发布天津市碳排放权交易试点纳入企业名单的通知》（津发改环资〔2013〕1332 号）。
③ 既有设施是指 2009～2012 年，纳入企业已有的、核查边界范围内的装置或设施，以及 2013 年以后新上的、不具备独立计量核算和统计条件的装置或设施；新增设施是指纳入企业所属的、2013 年 1 月 1 日以来正式投入生产的、已生产出合格产品的、具备独立计量核算及统计条件的设施。参见《市发展改革委关于开展碳排放权交易试点纳入企业 2013 年度碳排放报告的通知》（津发改环资〔2014〕267 号）中附件 1 "一"和附件 2 "一"。

碳市场蓝皮书

等有偿发放为辅的分配方式，后者仅在交易市场价格出现较大波动时为稳定市场价格而使用。①

第一，既有产能配额的核定方法。纳入企业的既有产能配额根据其所属行业分别确定核定方法。电力、热力及热电联产纳入企业依据基准法分配其基本配额，2013 年的基本配额基准水平根据该纳入企业 2009～2012 年正常情况下单位产出二氧化碳的平均值确定，2014 年和 2015 年的基准水平分别较上一年度的基准值降低 0.2%。根据当年基准水平，按照 2009～2012 年正常情况下年均发电量或供热量的 90% 确定其基本配额，基本配额为纳入企业发电/供热基准值与该企业 2009～2012 年正常情况下年均发电/供热量乘积的 90%；调整配额于次年履约期间，根据其实际发电量或供热量予以核发，调整配额为纳入企业发电/供热基准值与该企业当年实际发电/供热量的乘积减去基本配额后的值。②

钢铁、化工、石化、油气开采等其他行业纳入企业采取历史法分配其基本配额，即以其历史排放量为依据，综合考虑先期减碳行动、技术先进水平及行业发展规划等因素核定其基本配额，其值为该企业 2009～2012 年正常情况下二氧化碳排放量年平均值、该企业的绩效系数以及所属行业的控排系数三者的乘积。③

考虑到纳入企业 2013 年的二氧化碳排放水平可能较 2009～2012 年基准年份的排放基数大，天津市规定纳入企业可申请调整该年的配额，2013 年既有产能排放较 2009～2012 年排放基数的增

---

① 《天津市碳排放权交易管理暂行办法》第 7 条，《天津市碳排放权交易试点工作实施方案》中"二、（三）"。
② 《天津市碳排放权交易试点工作实施方案》中"三、（一）"。
③ 纳入企业的绩效系数综合考虑纳入企业先期减排成效及企业控制温室气体排放技术水平确定；行业控排系数根据地区行业发展规划、行业整体碳排放水平、行业承担的控制温室气体排放责任、配额总量与纳入企业排放基数总和之间的差异等确定，2013 年取值为 1，2014～2015 年取值当年公布。参见《天津市碳排放权交易试点工作实施方案》中"三、（二）"。

加量，即调整配额量。但是，申请调整配额量的纳入企业须满足下列条件：一是钢铁、化工、石化、油气开采行业的纳入企业2013年企业单位增加值或产值碳排放较2012年下降幅度大于等于同期全市规模以上工业增加值能耗下降水平（下降6.5%以上），且二氧化碳排放总量较2012年增长20%及以上；二是纳入企业在2013年期间因兼并、重组等原因导致企业组织边界发生变化。[①]

第二，新增设施配额的核定方法。纳入企业因启用新增设施所发生的排放，可在履约期间向主管部门提出新增设施配额申请，主管部门按照纳入企业所属行业二氧化碳排放强度先进值及实际活动水平（产值/工业增加值/产量）核定其配额，经批准的新增配额为纳入企业新增设施碳排放对应的2013年实际活动水平（例如产值、工业增加值、产量等）与新增设施所属行业碳强度先进值的乘积。[②]

（四）履约制度

纳入企业每年5月31日前通过上缴二氧化碳排放配额的方式遵约，注销至少与其上年度碳排放量等量的配额，履行遵约义务。纳入企业未注销的配额可结转至下年度继续使用，有效期直至2016年5月31日。纳入企业可通过购买核证自愿减排量抵扣其部分碳排放量，但比例不得超过年度实际排放量的10%，1单位核证自愿减排量抵消1吨二氧化碳排放。[③] 与深圳市一样，天津市并未

[①] 《市发展改革委关于开展碳排放权交易试点纳入企业2013年度碳排放报告的通知》（津发改环资〔2014〕267号）附件1"纳入企业2013年度配额调整申请方案"。

[②] 行业碳强度先进值由主管部门在参照国内外同一行业、同类型设施、同类产品的先进碳排放水平，结合本地区相关行业实际情况后综合确定，取值将在2013年纳入企业排放报告报送及核查工作完成之后另行公布。参见《市发展改革委关于开展碳排放权交易试点纳入企业2013年度碳排放报告的通知》（津发改环资〔2014〕267号）附件2中"二"。

[③] 《天津市碳排放权交易管理暂行办法》第9、10、11条。

限定产生核证自愿减排量的项目所在区域，抵消比例亦与该企业的当年年度实际排放量，而非当年年度配额挂钩。

纳入企业解散、关停及从本地区迁出时，应注销与其所属年度实际运营期间所产生实际碳排放量相等的配额，并将该年度剩余期间的免费配额全部上缴主管部门；纳入企业合并时，其配额及相应权利义务由合并后企业承继；纳入企业分立时，应当制定合理的配额和遵约义务分割方案，未制定分割方案或未按规定完成配额变更登记的，原纳入企业的遵约义务由分立后的企业承继，其具体承继份额由主管部门根据企业情况确定。[1]

相较于其他试点省市而言，天津市对未履行强制减排义务的纳入企业法律责任的追究较为宽容，仅规定由主管部门限期改正，且在三年之内不能享受融资优惠和申报财政支持项目等。[2]

（五）碳排放量化、报告和核查（MRV）

履行碳排放报告义务的企业包括两类：第一类是年度碳排放达到一定规模的所谓"报告企业"，该类企业应于每年第一季度编制本企业上年度的碳排放报告，并于 4 月 30 日前报主管部门，且自行对其所报数据和信息的真实性、完整性和规范性负责；第二类即纳入企业，纳入企业编制的碳排放报告还须经第三方机构核查。[3]

纳入企业的碳排放报告须经第三方机构进行核查，由后者出具核查报告，纳入企业于每年 4 月 30 日前将碳排放报告连同核查报告以书面形式一并提交主管部门。主管部门依据第三方机构出具的核查报告，结合纳入企业提交的年度碳排放报告，审定纳入企业的年度碳排放量，并将审定结果通知纳入企业，该结果作为市发展改

---

① 《天津市碳排放权交易管理暂行办法》第 12 条。
② 《天津市碳排放权交易管理暂行办法》第 32 条
③ 《天津市碳排放权交易管理暂行办法》第 14 条。

革委认定纳入企业年度碳排放量的最终结论。主管部门在下列情形下有权对纳入企业碳排放量进行核实或复查：第一，碳排放报告与核查报告中的碳排放量差额超过 10% 或 10 万吨；第二，本年度碳排放量与上年度碳排放量差额超过 20%；第三，其他需要进行核实或复查的情形。[①]

（六）交易制度

天津市碳配额交易的平台是天津排放权交易所，目前交易标的为配额和核证自愿减排量等碳排放权交易品种。[②] 纳入企业及国内外机构、企业、社会团体、其他组织和个人，均可参与碳排放权交易或从事碳排放权交易相关业务，在进入交易所进行交易前，须向交易所申请交易席位和交易权。[③] 除试点企业外，其他机构会员要求中资控股，对注册资本金等也有数量要求，参与交易的自然人金融资产不少于 30 万元。[④] 交易方式包括网络现货交易、协议交易、拍卖交易三种形式。[⑤]

二　立法（政策）对市场的影响

（一）纳入行业、配额分配

2013 履约年度天津市纳入强制性配额管理的企业有 114 家，

[①] 《天津市碳排放权交易管理暂行办法》第 17 条。
[②] 《天津市碳排放权交易管理暂行办法》第 18 条。
[③] 《天津市碳排放权交易管理暂行办法》第 19 条，《天津排放权交易所排放权交易规则》第 8 条。交易所工作人员不得作为交易者参与交易或委托他人代为交易，参见《天津排放权交易所排放权交易规则》第 12 条。
[④] 参见《天津排放权交易所会员管理办法（试行）》第 2 条。
[⑤] 《天津排放权交易所排放权交易规则》第 3 条。

覆盖范围包括钢铁、化工、电力、热力、石化、油气开采等行业，根据控制温室气体排放总体目标、国家产业政策、行业发展规划以及纳入企业的历史排放等因素，核定了试点期限的配额总量为1.6亿吨，控排系数为99.8%。配额分配以免费发放为主、以拍卖或固定价格出售为辅，但由于有偿方式仅在交易市场价格出现较大波动时稳定市场价格使用，纳入企业几乎免费取得全部配额。纳入企业可以在次年履约前向主管机关申请调整其基本配额，调整核定之后的2013年配额总量截至2014年9月1日尚未公布。天津市的配额分配总体较为宽松。2013履约年度宽松的配额分配导致试点企业对2014年的配额分配抱有同样的期待，这也是价格始终处于低位的原因之一。

电力、热力、热电联产行业的纳入企业依据自身的排放强度历史基准分配基本配额。由于近年来节能技改投入较大，2013年度的实际排放强度低于历史水平，这些行业配额处于稍有盈余或平衡状态。

其他行业的纳入企业采用历史法分配基本配额，纳入企业的新增产能设施的配额按照所属行业二氧化碳排放强度先进值发放配额。这些行业中，水泥、钢铁等高排放行业在2013年的产量较历史产量高，但由于也有配额调整的规定，其超出历史部分的排放可以获得政府的调整补充，行业缺口不会太大。

（二）交易与履约

天津市是唯一规定可以先进行订单成交，再申请交割的地区。这一规定实际上为远期交付的非标准合约带来可能。但从实际效果看，这一规定并未对成交量带来正面的激励。

由于试点企业履约情况不太理想，天津市两次延长履约截止期，但在期满之后，仍有4家企业未履约，履约率为96.5%，其主要原因有两个：一是《天津市碳排放权交易管理暂行办法》是试点地区中唯一先期仅以地方政府规章（天津市发改委）层级规定碳交易违约法律后果的地区，低位阶的立法权威性和可执行性阙如。二是并未规定任何实质性的制裁措施，试点企业没有履约压力。如未履约试点企业仅规定由主管部门限期改正，且在三年之内不能享受融资优惠和申报财政支持项目等，但若试点企业配额账户并无余额用于履行清缴义务且无法通过交易获得配额时，责令限期改正毫无意义。

（三）投资准入

《天津市排放权交易所会员管理办法（试行）》允许个人和机构投资者开户，并免除相关开户费用，旨在通过引入投资者提高市场流动性。但对经纪类和综合类会员资格设置了较高条件，加上试点企业数量并不多，此规定并未达到预期的效果。随着京津冀"环保一体化"行动的推进，加之 2013 年出现配额总量发放过松的问题，天津市正酝酿修改有关立法，缩减配额、明确和强化未履约试点企业的法律责任是修订的重点。预计 2014 履约年度的制度环境将有较大的改变。

三　市场表现

（一）市场总体分析

天津碳市场自 2013 年 12 月 26 日启动后，碳排放配额价格波动比较剧烈，成交量一直维持在低位运行。

从价格走势看，开市后至 2014 年 2 月底，价格基本稳定在 28 ~ 30 元/吨；3 月中上旬，价格出现了一波单边上涨行情，最高收

盘价达到 50.11 元/吨；随后，价格出现回落，在 6 月底出现一波反弹后，临近履约期时价格依旧快速下跌。截至 8 月 1 日，天津市碳排放配额价格为 22.09 元/吨，较开盘价 28 元/吨已下跌 21.1%。

从交易量看，除开市当日实现 4.9 万吨成交外，开市后至 2 月中旬日成交量基本稳定在 2000 吨左右；2 月中旬至 6 月下旬，日成交量基本稳定在 1000 吨左右；临近履约期时，与其他碳交易试点地区不同，尽管成交量有所放大，但仍维持在较低的水平上，直至 7 月 24 日、25 日分别成交 66 万吨、11 万吨。

Aroon 指标显示，自开市以来天津市场的 Aroon_up 为 0.36，Aroon_down 为 0.95。从 Aroon 指标的技术分析角度看，天津市场自开市以来长期处于一个下降的通道中，由于 Aroon_down 指标接近 1，说明市场下降的趋势较为明显。

表 1　天津市场 Aroon 指标

项目	指标值
Aroon_up	0.360544
Aroon_down	0.952381

（二）履约专题分析

天津 2013 年履约时间原定为 2014 年 5 月 31 日，后延迟至 7 月 10 日，而实际履约日定为 7 月 25 日。从价格角度看，从 5 月初至 7 月末价格处于下降通道中；6 月中旬出现了一波反弹行情，价格最高曾一度达到 42.4 元/吨，随后又继续一路下跌。截至 7 月 25 日，天津碳配额价格为 17 元/吨，达到开市以来最低点。这种临近履约日价格一路下跌的行情说明市场上配额卖出的意愿大于配额购买的意愿，可能与市场上的盈余配额较多有关。

从成交量角度看，5月市场总成交量为1.5万吨，并没有显现出明显放大的趋势；6月市场总成交量为4万吨，与其他市场履约期前相较，成交量放大仍不显著；7月初至7月25日市场总成交量为85万吨，占到开市以来总成交量的84.6%。从上述3个月的成交量情况可以看出，5月30日和7月10日的前两次履约并未得到企业重视，大部分配额短缺企业选择在7月25日履约期临近前才急于购买所需配额。

"类威廉指标"显示，实际履约日前一个月的"类威廉指标"为-0.73，从技术分析的角度看，说明市场卖方占了主动，价格下降趋势明显，这与天津市场配额供给过剩以及特殊的"做空"机制有关。

表2　天津市场月度"类威廉指标"

时间	指标值
2014年1月	-0.88
2014年2月	0.31
2014年3月	0.29
2014年4月	0.17
2014年5月	-0.75
2014年6月	0.52
2014年7月	-0.73
6月25日至7月25日	-0.90

表3　天津市场总结

首日交易价格(元/吨)	28
8月1日收盘价(元/吨)	22.09
涨跌幅(%)	-21.11
最高收盘价(元/吨)	50.11

续表

最低收盘价(元/吨)	17
最高收盘价涨幅(%)	78.96
最低收盘价跌幅(%)	−39.29
波动率(%)	28.52
日均成交量(吨)	7030.833
实际履约前一月成交量(吨)	864860
实际履约前一月成交量占比(%)	85.50

重庆碳市场报告

摘 要:

重庆市是最后开市的试点地区。配额总量设定由于参照企业自身的历史排放峰值进行自主申报、年底调整的方式进行,总体上较为宽松。对电力实行上网部分的发电量排放扣除的方式,是唯一考虑避免重复计算的地区,因此电力行业的实际碳约束比其他地区小。2013 年和 2014 年的履约都在 2015 年同时完成。市场对投资机构和自然人开放。履约中仅能使用本地产生 CCER,并排除了水电项目的适用。除首日撮合的交易外,截至 2014 年 8 月 29 日,没有二级市场成交。

关键词:

重庆碳市场 履约率 CCER 配额调整 配额缺口

一 立法(政策)介绍

(一)碳排放总量与年度配额总量的设定

根据重庆市《重庆市碳排放权交易管理暂行办法》第 7、8 条的规定,重庆市实行配额总量控制制度,设定地区配额总量的因素包括:国家和地区确定的节能和控制温室气体排放约束性指标、[①]

[①] 重庆市“十二五”单位国内生产总值二氧化碳排放下降和单位国内生产总值能源消耗下降约束性指标分别为 17% 和 16%(相比较 2010 年),参见《“十二五”控制温室气体排放工作方案》及其附件。

企业历史排放水平、产业减排潜力、企业先期减排行动等因素。

重庆市的配额总量控制有三个特点：第一，总量设定相对宽松，其基准配额总量为纳入配额管理的单位既有产能 2008 ~ 2012 年最高年度排放量，2015 年前按逐年下降 4.13% 确定年度配额总量控制上限，2015 年后根据国家下达的碳排放下降目标确定。[①] 第二，实行碳排放总量控制的温室气体并不限于二氧化碳一种，而统括了《京都议定书》控制的二氧化碳、甲烷、氧化亚氮、氢氟碳化物、全氟化碳、六氟化硫 6 类温室气体。[②] 第三，电力行业排放配额分配中，扣除了上网电量所产生的排放（即将上网电量乘以电网排放因子计算出的排放量从历史总排放量中扣除），从而电厂排放大约只占到其总排放的 40%，降低了地区排放总量。

（二）纳入企业范围

纳入企业包括两类：一类是配额管理单位，即年碳排放量达到一定规模的排放单位；另一类是自愿纳入配额管理的其他排放单位。[③] 前者是指 2008 ~ 2012 年任一年度排放量达到 2 万吨二氧化碳当量的工业企业。[④]

（三）排放企业配额的确定

与深圳市规定相似，重庆市核定配额管理单位的配额的主要依据有两个：一是地区排放总量控制目标，二是该单位 2008 ~

---

① 配额管理单位在 2011 ~ 2012 年扩能或新投产项目，其第一年度排放量按投产月数占全年的比例折算确定，参见《重庆市碳排放配额管理细则（试行）》第 7 条。
② 《重庆市碳排放权交易管理暂行办法》第 40 条。
③ 《重庆市碳排放权交易管理暂行办法》第 5 条。
④ 《重庆市碳排放配额管理细则（试行）》第 4 条。

2012 年的历史排放量。但略有不同的是，重庆市将配额管理单位申报量作为核定其配额的参考因素，[①] 具体而言，即配额管理单位每年向发改部门申报当年度排放量（所谓"申报量"），如配额管理单位申报量之和低于年度配额总量控制上限的，其年度配额按申报量确定；如所有配额管理单位的申报量之和高于年度配额总量控制上限时，若配额管理单位申报量高于其历史最高年度排放量的，以两者平均量作为其年度配额分配基数，申报量低于其历史最高年度排放量的，以申报量作为分配基数，配额管理单位分配基数之和低于年度配额总量控制上限的，其年度配额按分配基数确定，配额管理单位分配基数之和超过年度配额总量控制上限的，其年度配额按分配基数所占权重确定。[②]

2015 年前，配额管理单位的全部配额采取免费发放的方式。[③]

（四）履约制度

配额管理单位在每年 6 月 20 日前通过登记簿提交与主管部门审定的排放量相当的配额（含国家核证自愿减排量），以履行其减排义务；购买如其配额不足以履行其清缴义务，可以通过交易机构购买其他配额管理单位的配额，用于清缴减排义务；超过审定排放量的配额，可用于清缴后续年度的减排义务或出售。[④]

配额管理单位审定的排放量超过年度配额的，可以使用国家核证自愿减排量（CCER）履行配额清缴义务，1 吨国家核证自愿减

---

① 《重庆市碳排放权交易管理暂行办法》第 8 条。

② 《重庆市碳排放配额管理细则（试行）》第 10 条。

③ 《重庆市碳排放配额管理细则（试行）》第 7 条。

④ 重庆市规定，2015 年前分两期履约，配额管理单位在 2015 年 6 月 20 日前履行第一期配额清缴义务；在 2016 年 6 月 20 日前履行第二期配额清缴义务，参见《重庆市碳排放权交易管理暂行办法》第 10 条和《重庆市碳排放配额管理细则（试行）》第 17 条。

排量相当于 1 吨配额，但 2015 年前，每个履约期内使用的数量不得超过审定排放量的 8%，且产生国家核证自愿减排量的减排项目应当符合相关要求，[①] 同时鼓励配额管理单位使用林业碳汇项目等产生的减排量履行其配额清缴义务。[②]

配额清缴期届满后，配额管理单位未提交书面申请文件；或者虽已提交书面申请文件，但未通过登记簿提交配额或提交的配额数量不足的，均视为未履行或未完全履行配额清缴义务。与天津相似，[③] 对于未履行其清缴义务的配额管理单位并未规定给予行政处罚，只是规定 3 年内不得享受节能环保及应对气候变化等方面的财政补助资金；3 年内不得参与各级政府及有关部门组织的节能环保及应对气候变化等方面的评先评优活动；配额管理单位为国有企业的，将其违规行为纳入国有企业领导班子绩效考核评价体系。[④]

（五）碳排放量化、报告和核查（MRV）

所有配额管理单位应当自行或委托具有技术实力和从业经验的机构核算其年度排放量和产生核证减排量工程的年度工程减排量，并于每年 2 月 20 日之前向主管部门提交书面年度碳排放报告，主管部门在收到报告后 5 个工作日内委托第三方核查机构进行核查，

[①] 重庆市规定，可用于抵消配额的产生核证减排量的项目应当于 2010 年 12 月 31 日后投入运行（碳汇项目不受此限），且属于以下类型之一：（一）节约能源和提高能效；（二）清洁能源和非水可再生能源；（三）碳汇；（四）能源活动、工业生产过程、农业、废弃物处理等领域减排，主管部门结合产业结构调整、节能减排和控制温室气体排放等情况可对减排项目的要求进行调整。参见《重庆市碳排放配额管理细则（试行）》第 20 条和《重庆市碳排放权交易管理暂行办法》第 12 条。

[②] 《重庆市碳排放权交易管理暂行办法》第 13 条。

[③] 《重庆市碳排放配额管理细则（试行）》第 18 条。

[④] 《重庆市碳排放权交易管理暂行办法》第 17 条。

后者在规定时间内提交书面核查报告。[①]

如第三方核查机构核定的碳排放量与配额管理单位报告的碳排放量相差超过10%或者超过1万吨的，配额管理单位可以向主管部门提出复查申请，经主管部门委托其他核查机构进行复查后，最终确定其年度审定碳排放量。[②]

（六）交易制度

重庆市联合产权交易所是碳交易平台。交易品种为碳排放配额、国家核证自愿减排量及其他依法批准的交易产品，交易主体包括配额管理单位和其他符合条件的企业法人、合伙企业、其他组织以及自然人，[③] 交易方式包括公开竞价、协议转让及其他方式。[④] 与其他试点省市不同的是，重庆市对配额管理单位出售的年度配额的比例进行了限制，规定不得超过其年度分配配额的50%。[⑤]

此外，重庆联合产权交易所根据《重庆市碳排放权交易管理

---

① 《重庆市工业企业碳排放核算报告和核查细则（试行）》和《重庆市碳排放权交易管理暂行办法》第14、15、16条。
② 《重庆市碳排放权交易管理暂行办法》第36条。
③ 企业法人注册资本金不得低于人民币100万元，合伙企业及其他组织净资产不得低于人民币50万元，具有从事碳排放管理或交易相关知识的人员，具备一定的投资经验，较高的风险识别能力和风险承受能力，具有良好的信誉，近两年无违法行为和不良记录；自然人应当具有完全民事行为能力，具备一定的投资经验，较高的风险识别能力和风险承受能力，个人金融资产在10万元以上；其他市场主体和自然人应当通过交易所组织的投资经验、风险识别能力和风险承受能力测试评价后，方可成为交易参与人。参见《重庆联合产权交易所碳排放交易细则（试行）》第12、13、14条。
④ 《重庆市碳排放权交易管理暂行办法》第19、20、21条，但并未规定配额管理单位之外的其他交易主体的条件，重庆联合产权交易所也未明确碳交易主体的适格性，亦未像其他试点省市规定可采取协议转让方式的交易类型。
⑤ 但配额管理单位通过交易获得的配额和储存的配额不受该比例限制，参见《重庆市碳排放权交易管理暂行办法》第23条。

暂行办法》的规定，制定了有关交易信息公开、交易风险管理、交易违规违约处理、交易争议解决等交易管理文件。①

二 立法（政策）对市场的影响

（一）配额总量与分配方式

重庆市规定基准配额总量为所有配额管理单位既有设施2008～2012年最高排放量之和，试点期限内按逐年下降4.13%确定年度配额总量控制上限，与其他试点地区采取浮动的总量控制目标不同，重庆市接近于实行绝对总量控制。但由于其基数确定为每个排放设施的历史最高排放，配额总量确定的基数较高，2013年度达到1.25亿吨。但电力行业扣除上网电量产生排放（计算方法中采取了不合理的排放因子，导致实际结果不等于厂用电排放）后，地区总量大幅降低。

与深圳相似，重庆市也采取配额先自主申报、后调整的方式。如申报量之和低于基准配额总量，申报量即为年度配额；如申报量之和高于基准配额总量且配额管理单位申报量高于其历史最高排放量，以其申报量和历史最高排放量的平均值为分配基数，低于其历史最高排放量的，申报量为分配基数。但企业的申报量须经主管机关的审定，低于或超过审定排放量8%的，予以补发或扣减，补发的配额不得在总量之外创设。这种方法使企业申报配额通常高于实

---

① 《重庆市碳排放权交易管理暂行办法》第26、27条。重庆联合产权交易所制定的交易文件包括：《重庆联合产权交易所碳排放交易信息管理办法（试行）》《重庆联合产权交易所碳排放交易细则（试行）》《重庆联合产权交易所碳排放交易风险管理办法（试行）》《重庆联合产权交易所碳排放交易结算管理办法（试行）》《重庆联合产权交易所碳排放交易违规违约处理办法（试行）》等。

际排放，在一定比例之内也不会被调减，再加之总量宽松，重庆市2013 年度的配额总量盈余较大。

同时，年度实际配额的确定要等到主管机构审定实际排放量并进行调整后才能确定，导致排放企业在实际排放量和配额确定之前都不敢进行交易。虽然 2013 年度和 2014 年度履约将集中在 2015 年进行在一定程度上影响了流动性，但截至 2014 年 9 月 1 日，重庆市尚未发生一笔二级市场交易。这一现象实证了重庆配额总量过剩的程度较高。

重庆市是唯一未规定政府预留调控配额的地区。这一规定有利于减少政府对市场的干预。

（二）交易与履约

与其他试点地区有显著区别的是，重庆市限制了配额管理单位出售的配额上限为其年度配额的 50%，旨在降低违约风险，但也人为地减少了二级市场的配额供应量，削弱了流动性。

重庆市还是唯一规定排放企业必须存在配额缺口才能使用抵消政策的地区。这意味着如果总量确定和配额的分配方式不变，将极少有缺口企业，CCER 的市场需求也将很少。抵消类型限制方面，由于地区内水电比例较高，重庆市将水电项目排除在可供抵消的CCER 项目之外。同时，要求 CCER 须从本地项目产生，但至今重庆尚无 CCER 项目备案，未来可用于清缴的 CCER 供给将较为有限。上述政策使得重庆可能成为事实上的配额单一市场。

重庆市对未履约的配额管理单位的行政处罚也较弱，与天津市的规定基本相似，虽然有责令改正的处罚种类，但在履约期截止时几乎没有执行的可能，其对配额市场的影响有待观察。

（三）投资准入

重庆市允许投资机构和自然人进场交易，但目前外资机构和外

国机构尚不能准入。因为重庆市并未规定政府预留调控配额，这或许与担心外资机构过早进入会导致市场垄断价格飙升，从而认为履约成本太高有关。

三　市场表现

截至 2014 年 9 月 1 日，重庆市尚未发生一笔二级市场交易。开市日交易采取政府组织排放权企业现场撮合的方式进行，总成交 145000 吨，价格为 30～31.5 元/吨。这一价格体现了政府对碳价的心理预期。

B . 8

深圳碳市场报告

摘 要： 深圳市在推出碳市场之前在所有试点地区中率先进行地方人大的立法，法律框架的位阶较高。配额总量设定对包括电力在内的所有行业都严格采用基准法进行。分配方法是基于对所有细分行业的单位工业增加值，结合企业自主申报的配额进行预分配，年底根据实际工业增加值进行调整。虽然设计了调增的总量限制，但配额总量相对较宽松，是一个明显带有增量的总量控制交易。市场对投资机构和自然人开放，并且是首个对境外机构开放交易的试点地区。履约中使用 CCER 没有地域和项目类别限制。市场流动性相对较好，但也存在明显的季节性交易。100% 的履约率为试点地区最高。

关键词： 深圳碳市场　履约率　CCER　配额调整　配额缺口

一 立法（政策）介绍

（一）地区碳排放总量与年度配额总量的设定

《深圳市碳排放权交易管理暂行办法》第 10 条和第 14 条规

定，深圳市目标排放总量及年度配额总量的确定依据有：国家和广东省确定的约束性指标及深圳市经济社会发展趋势、碳减排潜力、历史排放、减排效果等。通常而言，年度排放总量等于年度总配额，但深圳市规定的年度排放总量等于年度分配配额与排放企业可用于抵消的核证自愿减排量（CCER）之和。[①] 其原因是允许企业用于抵消的 CCER "不高于管控单位年度碳排放量的百分之十"，而非企业分配配额的 10%。

广东省政府提出力争到 2015 年单位 GDP 二氧化碳排放比 2005年下降 35% 左右，到 2020 年比 2005 年下降 45% 以上的低碳发展规划目标。[②]《深圳市低碳发展中长期规划（2011～2020 年)》提出了万元 GDP 二氧化碳排放比 2010 年下降 21%，比 2005 年下降45% 以上，比 2015 年下降 10% 的发展目标。[③] 由于深圳市产业机构中高新技术、金融、物流、文化产业已经成为支柱产业，服务业比重较高，未来减排潜力相比其他地区反而较小。根据上述地区及国家减排目标，深圳市 2013 年度的排放总量约为 3000 万吨。

（二）纳入企业（控排单位）范围

《深圳市碳排放权交易管理暂行办法》第 11 条将实行碳排放配额管理制度的企事业单位或建筑物（统称"控排单位"）分为三类：强制性控排单位，包括年碳排放总量达到 3000 吨二氧化碳当量以上的企事业单位与大型公共建筑和建筑面积达到 1 万平方米以上的国家机关办公建筑的业主，指定的控排单位，即：主管部门指定的其他企事业单位或者建筑物，以及自愿加入且经批准的控排单位。

---

① 《深圳市碳排放权交易管理暂行办法》第 37 条和第 82 条（十三）。
② 《2010 年广东低碳发展报告》。
③ 《深圳市低碳发展中长期规划（2011～2020 年)》中"二、（三）"。

上述控排单位的范围并非固定不变，对于排放 1000～3000 吨的企业，市政府可以根据目标排放总量和控排单位的排放量变动等情况予以纳入。① 根据官方公布的数据，目前深圳市控排企业635 家。②

（三）控排单位配额的确定

根据《深圳经济特区碳排放管理若干规定》第 5 条，控排单位的配额依据产业政策、行业特点、碳排放管控单位的碳排放量等因素核定，其配额的基本计算方式为"目标碳强度×工业增加值"，目标碳强度按照不同行业由政府主管部门确定。③

配额分配采取无偿分配、有偿分配两种方式。无偿分配的配额包括预分配配额、新进入者储备配额（2%）和调整分配的配额（2%），有偿分配的配额可以采用拍卖或者固定价格的方式出售，占比不低于 3%。④

控排企业的配额只有在次年履约前对年初的预分配配额进行调整后才能最后确定。电力等公用企业预分配配额由政府主管部门根据行业碳强度基准和期望产值的乘积确定，建筑碳配额的无偿分配按照建筑功能、建筑面积以及建筑能耗限额标准或者碳排放限额标准予以确定。其他企业预分配配额采取企业根据预期工业增加值自主申报（竞争性博弈）进行，但申报配额所依据的行业碳强度由政府主管部门确定。⑤ 政府次年的配额调整原则上根据上一年的实际工业增加值（产值）确定，但调增的总量限制在调减的总量范

<hr>

① 《深圳市碳排放权交易管理暂行办法》第 13 条。
② http://www.sz.gov.cn/szfgw/xxgk/qt/gzdt/201405/t20140529_2455203.htm，最后访问时间：2014 年 9 月 4 日。
③ 《深圳市碳排放权交易管理暂行办法》第 17、19 条。
④ 《深圳市碳排放权交易管理暂行办法》第 17、19 条。
⑤ 《深圳市碳排放权交易管理暂行办法》第 17、19 条。

围内，且新增产能不受限制。①

管控单位解散、搬迁出试点地区等情况下，履约义务必须补足，但预分配配额超出履约义务50%政府收缴后，剩余的可以作为企业碳资产。②

（四）履约制度

履约期为每个自然年，上一年度的配额可以结转至后续年度使用，后续年度签发的配额不能用于履行前一年度的配额履约义务，履约期为每年6月30日。

管控单位可以使用核证自愿减排量抵消年度碳排放量。一份核证自愿减排量等同于一份配额，最高抵消比例不高于管控单位年度碳排放量的10%。由于试点区域较小，深圳市对可供抵消的CCER没有区域限制，但出于避免重复计算的原因，管控单位在深圳市碳排放量核查边界范围内产生的核证自愿减排量不得用于本市配额履约义务。③

控排单位主要的履约法律责任是：管控单位未在规定时间内提交足额配额或者核证自愿减排量履约的，由主管部门责令限期补交与超额排放量相等的配额；逾期未补交的，由主管部门从其登记账户中强制扣除，不足部分由主管部门从其下一年度配额中直接扣除，并处超额排放量乘以履约当月之前连续六个月碳排放权交易市场配额平均价格三倍的罚款。④ 根据中国行政执法的惯例，未按要求履约的控排企业除了将面临上述法律责任外，行政上还将面临项目审批、财政补贴申请等方面的否决可能。

---

① 《深圳市碳排放权交易管理暂行办法》第19条。
② 《深圳市碳排放权交易管理暂行办法》第25条。
③ 《深圳市碳排放权交易管理暂行办法》第37条。
④ 《深圳市碳排放权交易管理暂行办法》第75条。

（五）碳排放量化、报告与核查（MRV）

控排单位应当承担两方面的量化报告义务。一方面是年度碳排放报告，另一方面是工业企业还应向统计部门提交统计指标数据报告，并保证数据的一致性。报告频率上，除了年度的报告外，管控单位应当在每季度结束后 10 个工作日内，通过本市温室气体排放信息管理系统提交上一季度的碳排放报告。[①]

深圳的第三方核查制度基本框架是，控排单位在提交温室气体排放报告后，应当及时委托第三方核查机构对温室气体排放报告进行核查，并向主管部门提交第三方核查机构出具的核查报告。深圳市碳排放权的制度框架还对核查机构的资质、连续聘请同一核查机构的时间限制、抽查与异议救济等做了规定。[②]

（六）交易制度

深圳碳交易的平台是深圳排放权交易所，交易品种有碳排放配额、核证自愿减排量和相关主管部门批准的其他交易品种。控排单位、其他机构和个人可以参与碳排放权交易活动或者从事碳排放权交易相关业务。[③] 从交易所个人和机构投资者的登记程序上看，深圳对个人和机构投资者的准入条件较为宽松。

交易方式应当依法采用电子拍卖、定价点选、大宗交易、协议转让等方式进行。交易方式的列举尽可能避免了《国务院关于清理整顿各类交易场所切实防范金融风险的决定》（国发〔2011〕38号文）有关限制规定。但 2014 年 8 月 18 日，交易所公告，将交易

---

① 《深圳市碳排放权交易管理暂行办法》第 28 条。
② 《深圳市碳排放权交易管理暂行办法》第 30～35 条。
③ 《深圳市碳排放权交易管理暂行办法》第 51 条。

方式变更为定价点选方式。①

此外，深圳碳交易的法律框架还确立了配额等的登记程序、交易信息公开、交易清算与交收、交易风险控制和重大交易异常处置等制度。

二 立法（政策）对市场的影响

（一）立法位阶

深圳市是唯一首先进行地方人大立法的试点地区，《深圳经济特区碳排放管理若干规定》的出台，有效避免了立法位阶不高导致处罚制度违法的问题。这一做法应该在全国碳市场建立时充分借鉴。

（二）排放企业纳入标准

深圳市确定管控单位的范围和标准充分考虑和体现了本市产业结构特点、现状和趋势，在所有的试点地区中，管控单位的标准是最低的，年碳排放量达到 3000 吨以上的企业均需履行配额清缴义务，而其他试点地区一般为 1 吨、2 吨或 5000 吨，因而，管控单位的数量较多，达到 635 家和 197 栋公共建筑，而 2013 年配额总量仅 0.3 亿吨。其中，排放量在 5 万吨以下的企业 577 家，占总比例的 91%。② 在各试点地区中，深圳的管控单位数量最多，但配额总量最少。纳入企业数量较多，有利于市场交易的活跃。

---

① http：//www. cerx. cn/Portal/home. seam，最后访问时间：2014 年 9 月 4 日。

② http：//www. sz. gov. cn/szfgw/xxgk/qt/gzdt/201405/t20140529_ 2455203. htm，最后访问时间：2014 年 9 月 4 日。

（三）配额分配

深圳市是首先采用企业自行申报的预分配与年度政府调整相结合的试点地区，也是最大程度按照排放强度进行总量控制设计的地区。将包括制造业在内的所有行业按照排放强度进行配额分配，因为深圳市 GDP 增长将很可能持续相当长时间，由此带来配额绝对总量将长期处于上升通道。电力等行业因碳约束带来的成本由于电价管制不能传导到下游行业而采取强度标准分配配额有一定的合理性，但制造业仍然采取强度指标分配配额虽然符合国家政策，但是否可适用于总量控制为基本特征的碳交易有待观察。值得注意的是，这一难题在全国市场设计中极有可能出现。深圳市的实践将为全国市场制度建设带来经验借鉴。

深圳市管控单位配额分配的标准（目标碳强度）的确定也最为复杂。比如，电力、燃气、供水企业，其年度目标碳强度和预分配配额应结合企业所处行业基准碳排放强度和期望产量等因素确定；其他企业的年度目标碳强度和预分配配额应当结合企业历史排放量、在其所处行业中的排放水平、未来减排承诺和行业内其他企业减排承诺等因素，采取同一行业内企业竞争性博弈方式确定；公共建筑物业主按照建筑功能、建筑面积以及建筑能耗限额标准或者碳排放限额标准予以确定；预计年碳排放量达到 3000 吨二氧化碳当量以上的新建固定资产投资项目，主管部门按照项目单位所在行业的平均排放水平、产业政策导向和技术水平等因素在投产当年对其预分配配额等。这一复杂的分配方式可能存在两个方面的问题：一方面是碳强度基准的确定基础在于合理确定细分行业，但对于制造业来说，细分行业的难度很大。如果被不合理的强制归类为某一排放强度较低的细分行业，则会对排放企业带来大比例的缺口。另一方面，从市场效率角度看，制度设计越复杂，对市场重要的参与

方——投资者而言，越会构成障碍。

深圳对年度配额调整进行了总量限制，即调增的配额不得超过调减的配额总量。这一规定虽然减缓了因 GDP 增加而带来的配额绝对总量上升的趋势，但其效果有待观察。根据官方公布的数据，2013 年碳排放总量为 3300 万吨，经核定之后的配额总量为 3050 万吨，扣减 10%。①

（四）交易履约与投资准入

深圳市碳交易市场向个人、机构和管控单位同时开放，参与交易的主体数量较多。目前在深圳排放权交易所注册的交易会员有机构投资者 6 家，个人投资者 543 人，加上管控工业企业和大型公共建筑单位，共 1381 家。虽然深圳确定的配额总量不高，但成交量较大，在各试点地区中仅次于湖北省，同时成交价格波动也较大，成交价格从开市首日不到 30 元/吨，一度攀升至 144 元/吨。

深圳市是第一个国家外汇管理局批准其向境外投资者开放碳交易市场的试点地区。目前已有来自新加坡等地的境外投资机构进入深圳市场。

由于严格按照强度标准进行配额分配和调整，大部分企业缺口绝对值不大，履约情况较好，635 家管控单位中 631 家企业在规定时间内完成 2013 年度的履约工作，企业履约率达到 99.4%，配额履约率达到 99.7%。

因市场容量较小且对抵消用 CCER 没有任何限制，CCER 的供给上升可能对市场带来很大影响。

---

① http：//www.sz.gov.cn/szfgw/xxgk/qt/gzdt/201405/t20140529_ 2455203.htm，最后访问时间：2014 年 9 月 4 日。

三　市场表现

（一）市场总体分析

从深圳碳排放配额（以下简称"CEEX"）价格走势看，2013年6月18日至2013年9月初价格波动上升，2013年9月初至2013年9月底价格波动下降；2013年10月初至2013年10月末，价格经历了一波大涨大跌的行情，最高收盘价达到130.9元/吨，随后跌回80元/吨的水平；2013年11月初至2014年4月底，价格围绕80元/吨在10元的范围内波动；2014年5月初至7月底，价格在下行通道中持续震荡，截至8月1日，市场价格为56.01元/吨，比开盘价上涨100%。

从CEEX的交易量看，市场启动至2014年5月底，日均成交量为2000吨左右，属于较为活跃的市场；6月初至6月底，成交量大幅增大，达到日均5万吨的水平；从7月初开始，随着履约期的结束成交量逐渐减小，7月1日至8月1日的日均成交量重新回到2000吨左右的水平。

Aroon指标显示，自开市以来深圳市场的Aroon_up为0.11，Aroon_down为0.22。两个指标均小于0.5说明市场的波动在逐渐减小。从Aroon指标的技术分析角度看，深圳市场从长期看呈波动性逐渐减小的平盘震荡趋势。

表1　深圳市场 Aroon 指标

项目	指标值
Aroon_up	0.112613
Aroon_down	0.216216

（二）履约专题分析

深圳 2013 年履约时间为 2014 年 6 月 30 日，履约结束后仍有 4 家未完成履约的企业在市场上购买所需配额。从价格角度看，6 月初至 6 月末价格围绕 65 元/吨波动，并未出现大幅上涨或下跌的趋势，说明这一市场价与深圳配额的供需情况比较接近。

从成交量角度看，履约日 6 月 30 日前一个月的总成交量为 108 万吨，占开市以来总成交量的 79%，说明深圳市场的活跃度存在明显的"季节性"，以"履约"为目的的市场参与者成为市场主体。

"类威廉指标"显示，履约日前一个月的"类威廉指标"为 -0.39。从技术分析的角度看，说明市场卖方略占主动，价格有一定程度的下跌趋势，但由于指标离 -1 还有一定差距，不能仅凭指标断定市场处于下行通道中。

表 2　深圳市场月度"类威廉指标"

时间	指标值
2013 年 9 月至 12 月	-0.15744
2014 年 1 月	0.512868
2014 年 2 月	0.618585
2014 年 3 月	-0.07353
2014 年 4 月	-0.7619
2014 年 5 月	0.298497
2014 年 6 月(履约月)	-0.39479
2014 年 7 月	-0.51364

表 3　深圳市场总结

项目	值
首日交易价格(元/吨)	28
8 月 1 日收盘价(元/吨)	56.01
涨跌幅(%)	100.04

续表

项目	值
最高收盘价(元/吨)	130.9
最低收盘价(元/吨)	28
最高收盘价涨幅(%)	367.50
最低收盘价跌幅(%)	0.00
波动率(%)	17.71
日均成交量(吨)	6791.921
实际履约前一月成交量(吨)	1085528
实际履约前一月成交量占比(%)	79.30

广东碳市场报告

摘　要：

广东配额总量设定总体上较为宽松。对电力行业采用基准法分配配额，但电量使用历史平均电量，履约前不做调整。2014 履约年度改为年底按照实际电量进行调整。其他行业按历史法分配配额，并不根据产量调整配额。由于电力行业历史电量处于较高水平，配额较为宽松。广东是唯一实施一定比例有偿配额拍卖作为配额发放方式的地区，2013 履约年度为 3%，为强制、有底价的拍卖，该比例将逐年提高。市场对投资机构和自然人开放，但对控排企业和投资者的持有比例与总量进行了限制。履约中使用 CCER 有地域限制。市场表现出较明显的季节性交易特征。2014 履约年度实行较低底价的阶梯拍卖政策后，市场预期价格下降。

关键词：

广东碳市场　配额拍卖　履约率　CCER　配额调整配额缺口

一　立法（政策）介绍

（一）地区碳排放总量与年度配额总量的设定

《广东省碳排放权配额首次分配及工作方案（试行）》规定，

广东省确定配额总量的考量因素有"十二五"控制温室气体排放总体目标、国家及省产业政策、行业发展规划。2013年履约期内,在完成首批电力、水泥、钢铁、石化四个行业重点企业历史碳排放信息盘查工作的基础上,确定的配额总量为3.88亿吨。其中,控排企业配额3.5亿吨,储备配额0.38亿吨,储备配额包括新建项目企业配额和调节配额。[①]

2014年度配额总量4.08亿吨。其中,控排企业配额3.7亿吨,储备配额0.38亿吨,储备配额包括新建项目企业配额和市场调节配额。[②] 2014年3月1日生效的省级行政法规《广东省碳排放管理试行办法》在2014年履约期扩大了纳入企业的范围,纳入工业企业年度排放线降低为1万吨。但在实施过程中,仍然延续2013年2万吨的准入门槛,其余1万吨以上控排企业将在未来完成数据统计等基础性工作后纳入实施。

(二)控排企业和单位范围

《广东省碳排放权配额首次分配及工作方案(试行)》规定2013年履约期控排企业为电力、钢铁、石化和水泥四个行业2011~2012年任一年排放2万吨二氧化碳(或能源消费量1万吨标准煤)及以上的企业,首批新建控排企业为电力、钢铁、石化和水泥四个行业预计2013~2015年和"十三五"投产的年排放2万吨二氧化碳(或能源消费量1万吨标准煤)及以上的新建(扩建、改建)固定资产投资项目企业。2013年履约期内首批控排企业为202家,控排新建项目企业为40家。[③]

---

① 《广东省碳排放权配额首次分配及工作方案(试行)》中"三"。
② http://www.gddpc.gov.cn/xxgk/tztg/201408/t20140818_253453.htm,最后访问时间:2014年8月18日。
③ 《广东省碳排放权配额首次分配及工作方案(试行)》中"三"。

2014年3月1日生效的省级行政法规《广东省碳排放管理试行办法》在2014年履约期扩大了纳入企业的范围，但2014年仍以2万吨为实际实施的准入门槛，纳入企业总数193家，新建控排企业18家。

（三）控排企业（单位）配额的确定

1. 2013年履约期

控排企业的配额为各生产流程（或机组、产品）的配额之和。根据行业的生产流程（或机组、产品）特点和数据基础，使用基准法或历史法计算各部分配额。其中基准法适用于电力、水泥和钢铁行业大部分生产流程（或机组、产品），计算公式为：配额＝历史平均产量×基准值×下降系数。历史法适用于石化行业和电力、水泥、钢铁行业部分生产流程（或机组、产品），计算公式为：配额＝历史平均碳排放量×下降系数。① 石化行业炼油或乙烯能耗指标未达省内平均标准的工序，以及不含炼油或乙烯工序的2013年下降系数为0.99，其余均为1。

新建项目企业的配额为项目投产后各生产流程（或机组、产品）的配额之和。根据行业的生产流程（或机组、产品）特点和数据基础，使用基准法或能耗法计算各部分配额。其中，基准法适用于电力、水泥和钢铁行业大部分生产流程（或机组、产品），计算公式为：配额＝设计产能×基准值。能耗法适用于石化行业和电力、水泥、钢铁行业部分生产流程（或机组、产品），计算公式为：配额＝年能源消费量×折算系数。②

2. 2014年履约期

2014年3月1日生效的省级行政法规《广东省碳排放管理

---

① 《广东省碳排放权配额首次分配及工作方案（试行）》中"三"。
② 《广东省碳排放权配额首次分配及工作方案（试行）》中"三"。

试行办法》及《广东省碳排放配额管理实施细则（试行）》在2014 年履约期调整了配额分配的计算公式，增加了行业景气因子，并对非完全竞争类企业规定了新的计算公式，即历史法计算的配额公式为：配额＝历史平均碳排放水平×年度下降系数×行业景气因子；基准线法计算的配额公式为：配额＝历史平均产量×基准值×年度下降系数×行业景气因子。生产计划和执行管理接受政府统一调节，影响企业竞争力的行业，也可采用以下计算公式：配额＝当年度实际产量×基准值×年度下降系数。[①]

随后，广东省发改委于 2014 年 8 月 18 日发布《广东省 2014年度碳排放配额分配实施方案》，对电力行业的燃煤燃气纯发电机组、水泥行业的普通水泥熟料生产和粉磨、钢铁行业长流程企业使用基准线法分配配额；电力行业的热电联产机组、资源综合利用发电机组（使用煤矸石、油页岩等燃料），水泥行业的矿山开采、微粉粉磨和特种水泥（白水泥等）生产，钢铁行业短流程企业以及石化行业企业使用历史排放法分配配额。并规定电力、水泥、石化以及钢铁行业 2014 年的年度下降系数均为 1。

表 1 2013～2014 履约年度广东配额分配政策变化汇总

项目		2014 年	2013 年	注:2014 年修正因子
电力行业	燃煤燃气纯发电机组	基于实际发电量乘以基准值	基于历史平均发电量乘以基准值	计算实际发电量以机组设计产能为上限
	热电联产、资源综合利用发电机组	基于历史碳排放量	基于历史碳排放量	

---

① 《广东省碳排放配额管理实施细则（试行）》第 8 条。

续表

	项目	2014 年	2013 年	注:2014 年修正因子
水泥行业	熟料生产	基于实际产量乘以基准值	基于历史平均产量乘以基准值	计算实际产量以设计产能的 1.3 倍为上限
	水泥粉磨	基于实际产量乘以基准值	基于历史平均产量乘以基准值	计算实际产量以设计产能的 1.3 倍为上限
	矿山开采	基于历史碳排放量	基于历史碳排放量	
	微粉粉磨	基于历史碳排放量	基于历史碳排放量	
	白水泥生产	基于历史碳排放量	基于历史碳排放量	
钢铁行业	长流程	基于实际产量乘以基准值	基于历史平均产量乘以基准值	计算实际产量以设计产能的 1.1 倍为上限
	短流程	基于历史碳排放量	基于历史碳排放量	
石化行业		基于历史碳排放量	基于历史碳排放量	

3. 配额发放方式

广东省控排企业和单位以及新建项目企业的配额采取免费发放和有偿发放两种分配方式，并逐步降低免费发放的比例。配额实行部分免费发放和部分有偿发放。有偿发放的配额应当由控排企业和单位、新建项目企业每年按规定的有偿配额比例从广东省政府确定的竞价平台购买足额有偿配额，电力行业外的工业行业控排企业有偿配额购买比例原则上不高于3%，逐步提高电力行业控排企业有偿配额比例，2020 年达到 50% 以上。新建项目企业必须首先购买足够有偿配额,才能获得免费配额。①

2013 年、2014 年两个履约期内,控排企业、新建项目企业的免费配额和有偿配额比例分别为 97％ 和 3％,2015 年比例分别为 90％ 和 10％,"十三五"以后根据实际情况再逐步提高有偿配额比例。② 但广东省发改委随后进行了政策调整,2014 年度电力企业的免费配额比例为 95％,钢铁、石化和水泥企业的免费配额比例为 97％。配额有偿发放以竞价形式发放,企业可自主决定是否购买。

因生产品种和经营服务项目改变、设备检修或者其他原因等停产停业,生产经营状况发生重大变化的控排企业和单位,可以向省发展改革部门提交配额变更申请材料,重新核定其配额。③

(四)履约制度

控排企业和单位应当根据经主管部门核定的上年度实际碳排放量,于每年 6 月 20 日前完成配额清缴工作,配额不足以清缴的,须在竞价平台或交易平台购买;2013 年度累计购买的有偿配额量没有达到规定的,其免费配额不可流通且不可用于上缴,年度剩余的配额可以在后续年度抵减有偿配额购买量,也可以用于后续年度

---

① 《广东省碳排放管理试行办法》第 20 条、《广东省碳排放配额管理实施细则(试行)》第 9 条。根据广东省关于首次配额发放的政策,控排企业 2013 年 11 月 27 日至 12 月 10 日通过省发展改革委配额注册登记系统获得免费配额,12 月中旬通过省发展改革委委托的有偿配额发放平台购买有偿配额。新建项目企业需在项目投产前通过有偿配额发放平台或碳排放权交易市场购买有偿配额,新建项目企业购买项目足额有偿配额后,省发展改革委通过配额注册登记系统发放免费配额。2013 年有偿发放的配额总量为 0.29 亿吨,竞买底价为 60 元/吨。参见《广东省碳排放权配额首次分配及工作方案(试行)》中"四、(二)"。

② 《广东省碳排放管理试行办法》第 14 条,《广东省碳排放权配额首次分配及工作方案(试行)》中"四"。但根据低碳发展国际合作联盟会员的调研,该比例是否能强制实施存疑。

③ 《广东省碳排放管理试行办法》第 16 条。

的清缴和配额交易。①

控排企业和单位合并的，其配额及相应的权利和义务由合并后的企业享有和承担；分立的，应当制定配额分拆方案，②但并未如深圳规定由分立的单位承担连带的配额清缴责任。

控排企业和单位注销或迁出时的配额清缴分两种情形：一种是在当年度7月1日配额发放前注销或迁出的，按经核定的上年度实际碳排放量清缴上年度配额；另一种是在当年度7月1日配额发放后注销或迁出的，按经核定的当年度实际生产月份的碳排放量清缴配额，当年度剩余月份免费发放的配额由主管部门收回。③

控排企业和单位可以国家核证自愿减排量（CCER）用于履行配额清缴义务，每吨国家核证自愿减排量相当于1吨碳排放配额，比例不得超过本企业上年度实际碳排放量的10%，且其中70%以上应当产生于本省温室气体自愿减排项目，并不得用于抵消本省控排企业和单位的碳排放。④

未足额清缴配额的企业，由省发展改革部门责令履行清缴义务；拒不履行清缴义务的，在下一年度配额中扣除未足额清缴部分2倍配额，并处5万元罚款，控排企业和单位的违法行为记入该企业（单位）的信用信息记录，并向社会公布。⑤

（五）碳排放量化、报告和核查（MRV）

广东省对履行碳排放报告义务的单位实行分类管理和动态管

---

① 《广东省碳排放管理试行办法》第18条、《广东省碳排放配额管理实施细则（试行）》第11条。
② 《广东省碳排放管理试行办法》第15条。
③ 《广东省碳排放配额管理实施细则（试行）》第12条。
④ 《广东省碳排放管理试行办法》第19条。
⑤ 《广东省碳排放管理试行办法》第37条、《广东省碳排放配额管理实施细则（试行）》第13条。

理。履行报告义务的企业和单位分为两类，即：强制性报告企业，包括控排企业、单位和年排放二氧化碳 5000 吨以上 1 万吨以下的工业行业；[①] 自愿申请纳入碳排放管理的企业和单位。[②] 但如果企业和单位年度实际碳排放量连续三年低于规定标准的，相应转为报告企业或不纳入管理。[③] 履行报告义务的企业、单位应当于每年 3 月 15 日将碳排放信息报告提交主管部门，[④] 为指导和规范碳排放信息报告及编制工作，广东省制定了《广东省企业（单位）二氧化碳排放信息报告指南（试行）》，明确了适用于所有行业企业的报告通则以及适用于火力发电企业、水泥企业、钢铁企业、石化企业的特别指南。

控排企业和单位编制的碳排放报告尚须第三方机构核查，第三方机构按照有关温室气体排放核查的技术文件中的规定的标准、方法以及核查程序等进行核查并编制核查报告，于每年 4 月 30 日前通过信息系统向主管部门提交。[⑤]

控排企业和单位在收到核定年度碳排放量的反馈意见后，认为认定的年度碳排放量相差 10% 或者 10 万吨以上的，对年度碳排放量核定有异议的，有权在 15 个工作日内向主管部门申请复核。[⑥]

（六）交易制度

广东省碳配额交易的平台是广州碳排放权交易所，目前广东省的交易标的为碳排放配额及经交易主管部门批准的其他交易品

---

① 《广东省碳排放管理试行办法》第 6 条。
② 《广东省企业碳排放信息报告与核查实施细则（试行）》第 4 条。
③ 《广东省企业碳排放信息报告与核查实施细则（试行）》第 5 条。
④ 《广东省企业碳排放信息报告与核查实施细则（试行）》第 11 条。
⑤ 《广东省企业碳排放信息报告与核查实施细则（试行）》第 14 条。
⑥ 《广东省碳排放管理试行办法》第 7 条和《广东省企业碳排放信息报告与核查实施细则（试行）》第 20 条。

种。① 控排企业和单位、新建项目企业、符合规定的其他组织和个人均可参与配额交易。② 广东省碳排放权交易实行会员管理制度，综合会员、经纪（代理）会员、自营会员为主要和基本的会员，可以自己的名义或代理他人直接交易。控排企业和新建项目业主（单位）为当然的自营会员，无须交易所批准。③

总体上看，广东省对机构会员的准入条件比较宽松，除要求金融类投资机构净资产不低于 3000 万元人民币，④ 其具有法人资格等条件外，并无最低注册资本金或净资产规模的要求，对个人亦未规定资金要求。⑤

广东省碳排放权现货现权采取公开竞价、协议转让及主管部门批准的其他方式。⑥ 公开竞价包括挂牌竞价、挂牌点选、单向竞价三种方式，协议转让是指交易参与人可以选择当单宗挂单达到 10 万吨 CO_2e 或以上时，在当日开盘价 ±10% 的价格区间内，通过交易系统进行挂单并询价达成一致，经交易系统审核完成交易的交易方式。⑦

广东省确立了交易主体年度配额最大持有量限制制度：第一，年度免费配额量 1000 万吨以上的控排企业和单位，年度配额持有量上限不能超过年度免费配额量的 110%；第二，年度免费配额量 500 万~1000 万吨的控排企业和单位，年度配额持有上限不能超过年度免费配额量的 120%；第三，年度免费配额量 500 万吨以下的

---

① 《广州碳排放权交易所（中心）会员管理暂行办法》第 11 条。
② 《广东省碳排放管理试行办法》第 23 条和《广东省碳排放配额管理实施细则（试行）》第 18、19 条。
③ 关于会员种类及其申请条件，参见《广州碳排放权交易所（中心）会员管理暂行办法》中"第二章'会员种类'"和"第三章'会员条件'"。
④ 关于会员种类及其申请条件，参见《广州碳排放权交易所（中心）会员管理暂行办法》中"第二章'会员种类'"和"第三章'会员条件'"。
⑤ 《广州碳排放权交易所（中心）会员管理暂行办法》中"第三章'会员条件'"和《广东省碳排放配额管理实施细则（试行）》第 18、19 条。
⑥ 《广东省碳排放管理试行办法》第 25 条。
⑦ 《广州碳排放权交易所（中心）碳排放权交易规则》第 13、17 条。

控排企业和单位，年度配额持有上限不能超过年度免费配额量的140%；第四，其他组织和个人配额持有量不得超过300万吨。[1]

此外，广州排放权交易所还建立了警示制度、交易行为的检查制度、交易情况的报告制度、交易能力建设的培训制度、交易信用记录制度以及配额持有量限制制度等风险控制制度。[2]

二 立法（政策）对市场的影响

（一）行业覆盖范围

2013年履约期内控排企业为电力、钢铁、石化和水泥四个行业2011年、2012年任一年排放2万吨二氧化碳（或能源消费量1万吨标准煤）及以上的企业。行业覆盖范围仅集中于电力、钢铁、石化和水泥四个行业并未完全体现广东省电子、机械、轻工产品等制造业大省的特征。这一规定符合碳交易初期通常只纳入高耗能行业的制度设计规律。

2014年3月1日，省级行政法规《广东省碳排放管理试行办法》生效后，上述适用于2013年履约期的规范性文件中有关配额分配、总量确定等方面内容被新规定取代。根据新规定，2014年履约期广东省将纳入配额管理的排放单位分为两大类：一类是强制性控排企业和单位，即年排放二氧化碳1万吨及以上的工业行业企

---

[1] 除非控排企业因生产经营快速增长等原因，可向省发展改革委提出申请突破年度配额持有量上限外，原则上不得超过上限，参见《广东省碳排放配额管理实施细则（试行）》第20条。

[2] 配额持有量限制制度是广州排放权交易所按照交易主管部门的相关规定与注册登记系统的相关要求对会员或会员客户配额的当日交易量与累计持有量进行限制并采取相应管理措施的风险控制制度。参见《广州碳排放权交易所（中心）碳排放权交易规则》第45、46条。

业，年排放二氧化碳 5000 吨以上的宾馆、饭店、金融、商贸、公共机构等控制排放企业和单位，以及新建（含扩建、改建）年排放二氧化碳 1 万吨以上项目的企业；另一类是申请纳入配额管理的其他排放企业和单位。[①] 这一规定使广东省纳入控排企业的年排放量从 2 万吨降低为 1 万吨，但 2014 年度的履约期仍然以 2 万吨为纳入门槛。如果未来实际执行 1 万吨的规定，将使更多的企业纳入其中，纳入行业也由原电力、钢铁、石化和水泥四个行业扩展至其他工业行业以及宾馆、饭店、金融、商贸、公共机构，控排企业数量将有大幅上升，而从重点排放企业的角度看，电力、钢铁、石化、水泥仍为广东省的主要排放行业。

2014 年履约期纳入对象中包括了商业楼宇和非企业类的公共机构，这些控排企业（单位）是否适于纳入碳交易尚待观察。可以预见的是，这些机构因为排放量相对不大，参与市场的积极性不会太高。

（二）配额分配

1. 2013 年度履约期

广东省 2013 年配额总量约为 3.88 亿吨，是全国最大的碳交易市场。其中，控排企业配额 3.5 亿吨，储备配额 0.38 亿吨，储备配额包括新建项目企业配额和调节配额。电力行业 2013 年配额总量为 2.49 亿吨，约占全省配额总量中的 64%。广东省配额没有年份标签，在试点期间的 2013～2015 年三年内每年发放。

免费配额分配上，排放量最大的电力、水泥和钢铁行业大部分生产流程采用基准法计算配额；石化行业和电力、水泥、钢铁行业

---

① 《广东省碳排放管理试行办法》第 6、10 条，《广东省碳排放配额管理实施细则（试行）》第 3 条。

部分生产流程采用历史法计算配额。"基准法"和"历史法"两种计算方法中，企业的配额计算分别建立在历史平均产量、平均排放量的基础之上，其区别为基准法引入了"基准值"的概念，企业历史碳排放量为历史产量乘以基准值所得。根据 2013 年实际排放的核查结果，电力行业企业拥有盈余配额，平均配额盈余在 12% 左右，主要可能是由"西电东输"造成广东省内发电企业 2013 年发电量较之前明显减少所致。钢铁行业配额有一定短缺，主要可能是由 2013 年增产所致。其余部分石化、水泥行业也有一定程度短缺。由于电力行业占比较大，盈余基本可以满足其他三个行业的配额缺口需求，广东市场整体配额盈余。

无论是基准法还是历史法，2013 年企业所分配配额与 2010 ~ 2012 年产量密切相关。这一计算方法导致 2013 年配额分配中行业差异性大，但同一行业中企业的盈亏情况相近。

2. 2014 年度履约期

2014 年度配额总量 4.08 亿吨。其中，控排企业配额 3.7 亿吨，储备配额 0.38 亿吨，储备配额包括新建项目企业配额和市场调节配额。2014 年配额总量超过 2013 年 2000 万吨，其原因可能是 2014 年新建控排企业大多为能源类企业，排放量较大。

2014 年履约期的配额发放方式相比 2013 年发生了变化。与 2013 年的配额分配方法比较，新的配额分配方法在"基准线法"上改变较大，采用当年实际发电量或产量代替历史平均发电量或产量；"历史法"并无改变。基准值方面，电力行业的燃煤燃气纯发电机组、水泥行业的普通水泥熟料生产和粉磨的基准值较 2013 年均有不同程度的提高；然而，钢铁行业长流程的基准值较 2013 年有所降低。由于上述"基准法"的改变及电力行业免费配额比例的减小，加之燃煤纯发电机组占比较大，从整体上增加 2014 年度配额的稀缺性。即便电力、水泥行业基准值的调高使配

额的稀缺性得到一定程度的缓解，但仍无法改变2014年度市场部分盈余配额将被吸收这一趋势。2014年发放方法中行业景气因子、未来有偿配额比例等计算方法等尚未公布，导致市场对于未来配额政策的透明度和连续性产生担忧，盈余企业惜售，影响了交易量。

3. 有偿配额发放

广东省是唯一规定并实施控排企业强制购买一定比例的有偿配额的试点地区。2013年履约期内，控排企业必须以3%的比例从政府确定的竞价平台购买足额有偿配额，累计购买的有偿配额量没有达到规定的，其免费配额不可流通且不可用于上缴。控排企业和单位清缴后节余的上年度配额量可抵减当年度该控排企业和单位有偿配额量。这一比例对电力行业控排企业还有逐步提高的可能。2013年履约期政府对有偿拍卖配额的底价规定为60元/吨。政府希望以限定底价的公开拍卖形式寻找市场碳配额定价。截至2014年8月1日已经进行5次拍卖，均为底价60元/吨成交，成交总量为1112.35万吨，成交金额6.67亿元。从后续二级市场持续微量的交易量看，60元底价超出了市场预期，没有达到市场定价的目的，当前市场价格并不反映实际供需情况。

2014年度履约期的有偿配额拍卖方面，预计发放总量为800万吨，小于最大有偿配额购买量。这表明即使全部成功拍卖，部分企业仍需从二级市场购买配额。从发放时间角度看，2014年9月至2015年6月，原则上每季度最后一个月安排一次。从价格角度看，发放底价实行阶梯上升，四次竞价底价分别拟定为25元/吨、30元/吨、35元/吨、40元/吨。这一规定旨在促使市场形成逐渐上升的价格预期。

4. 配额调整

2013年履约期发放配额完全基于历史排放数据，因此控排企业年初分配到的配额年底没有调整，但 2014 年度履约期对于电力等行业变为年初预分配、年底调整确定配额的方式进行。2014 年度配额年底调整上规定了调整幅度的限制，即无论实际产量（电量）上升多少，调增的部分不得超过设计产能的一定比例，其中设计产能以企业项目核准文件及可研报告等经核定的设计产能为准。具体为，电力行业燃煤燃气纯发电机组以设计产能为上限；水泥行业熟料生产、水泥粉磨均以设计产能的 1.3 倍为上限；钢铁行业长流程企业以设计产能的 1.1 倍为上限。配额调整政策从本质上不利于提高市场预期的透明度，会导致惜售现象。

广东省配额调整政策的一些条款效果尚待观察，如"因生产品种和经营服务项目改变、设备检修或者其他原因等停产停业，生产经营状况发生重大变化的控排企业和单位，可以向省发展改革部门提交配额变更申请材料，重新核定其配额"[①]。此条款立法意图在于通过特定情形下的配额调减增加稀缺性，但实施过程中控排企业不会主动申请调减配额。另外，生产品种的变化也完全可以构成自主的减排行为，如生产更为节能的可替代产品等，这些努力应该获得配额盈余的回报，而不是被政府调减配额。

（三）自愿减排量（CCER）抵消机制

根据《广东省碳排放管理试行办法》，纳入配额管理的单位可以将一定比例的国家核证自愿减排量（CCER）用于配额清缴。但用于清缴的 CCER 不得超过本企业上年度实际碳排放量的 10%，其中 70% 以上应当是本省自愿减排项目产生。用于履约清缴时，无须按照一定的比例配比省内、省外 CCER。如 100 万吨碳排放总量的企业可以单独拿出 7 万吨省外 CCER 用于清缴，而无须搭配 3

---

① 《广东省碳排放管理试行办法》第 16 条。

万吨省内 CCER 共同使用。在 7 个试点碳市场中，广东省 10% 的 CCER 抵消比例居于首位，而且省内 CCER 的抵消比例也为最大，这种抵消政策引起广东省内 CCER 的需求明显大于全国其他地区 CCER 的需求。

然而截至 2014 年 8 月 1 日，在国家发改委备案的广东省项目仅有 2 个，年减排量为 9 万吨。因不需要配比上缴，如果省内减排量的稀缺性一直持续，将直接导致 2014 履约年度的实际抵消比例巨幅下降到 3%。这一规定同时可能推高广东省内项目 CCER 的价格。

（四）MRV

根据《广东省碳排放管理试行办法》，控排企业和单位、报告企业应当按规定编制上一年度碳排放信息报告，报省发展改革部门，并且应当委托核查机构核查碳排放信息报告，配合核查机构活动，并承担核查费用。其中，碳排放核查收费标准由省价格主管部门制定。对企业和单位碳排放信息报告与核查报告中认定的年度碳排放量相差 10% 或者 10 万吨以上的，省发展改革部门应当进行复查。省、地级以上市发展改革部门对企业碳排放信息报告进行抽查，所需费用列入同级财政预算。总体来看，这种"企业自行上报，专业机构进行核查"的方法较为严格，有利于碳市场的规范发展。

2013 年履约期广东省排放核查 DOE 服务采取政府购买服务模式，即 DOE 与政府签订核查协议，受政府委托进行控排企业年度排放核查，核查费用为每个控排企业 2 万 ~3 万元人民币，低于欧盟水平。政府购买模式有利于强化核查的独立性，但政府购买服务能否长期存续需要观察。截至 2014 年 8 月 1 日，广东省并未公布 DOE 名单。

（五）投资准入

投资机构或个人无上缴配额义务，理论上，投资者购买数量与配额的稀缺性正相关。《广东省碳排放配额管理实施细则》规定，碳市场参与主体包括控排企业和单位、新建项目企业、机构投资者、个人投资者。广州碳排放权交易所实行会员制管理。其中，对于个人和机构投资者申请成为自营会员的资质多为一般性要求，并无特殊的资产要求，较为宽松。费用方面，纳入广东省碳排放权配额交易体系的企业每年缴纳年费 3 万元，按交易主管部门规定，试点期间该年费免除。其他经批准有资格直接参与碳排放权交易的法人、其他组织开户费暂免，每年缴纳年费 3 万元；个人开户费1000 元（暂免），年费 1000 元/年，若个人会员累计年交易量达到3000 吨，则返还年费。

广东碳市场参与者大部分为控排企业和单位、新建项目企业，已进入市场的机构和个人参与者十分有限，这可能与广东市场的配额稀缺度不高，价格预期比现有市场价格低有关。广东省也允许外国投资机构进入碳交易市场。目前已有数家外国企业在广州排放权交易所开户。

（六）交易规则

广东省规定每个控排企业持有配额的上限按照排放量大小分别为免费获得配额的 110%、120% 和 140%，其他投资者不超过 300万吨。这一规定旨在降低市场垄断的风险，但同时也对流动性造成负面影响，特别对配额质押等金融创新带来一定障碍。

（七）执法

对于未能在规定时间内进行履约的企业，采取以下惩罚措施：

"下一年度配额中扣除未足额清缴部分 2 倍配额，并处 5 万元罚款"及"记入该企业（单位）的信用信息记录，并向社会公布"。这一惩罚措施在 7 个试点地区内属于较为宽松的。其他的处罚措施广东省 2013 年履约时间原定为 2014 年 6 月 20 日，但 6 月 9 日广东省发改委发布通知，规定在 6 月 16 日前企业有机会复核排放量、调整配额、转为报告企业，并将履约延至 7 月 15 日，最终履约完成度为 98.9%，有 2 家企业未能履约。严格的惩罚措施以及相关政府部门面对履约的强硬态度是保证履约严肃性的必要条件。履约期限的推迟对市场预期将造成较大的负面影响。预计广东省人大的立法将有权对处罚条款进行更严厉的调整。

三 市场表现

（一）市场总体分析

从广东省碳排放配额（以下简称"GZEEX"）二级市场价格走势看，2013 年 12 月 19 日开市至 2014 年 3 月中旬，价格始终稳定在 60 元/吨；2014 年 3 月中旬至 3 月底价格出现波动，最高价格达到 66 元/吨，3 月底重新回到 60 元/吨；4 月初至 5 月末，价格在短期内快速上涨达到 74.99 元/吨；5 月末至 8 月 1 日，价格快速下跌，一度跌至 44.14 元/吨，随后重新回到 60 元/吨的水平；截至 8 月 1 日，价格为 63.99 元/吨，较开盘上涨了 6.65%。

从交易量看，除开市当日和 6~7 月成交量较大外，其余时间交易量均极小。其中，2013 年 12 月 23 日至 2014 年 3 月 10 日无交易，6 月 3 日至今的日均成交量在 2.5 万吨。

Aroon 指标显示，自开市以来广东市场的 Aroon_up 为 0.68，Aroon_down 为 0.94，最高价和最低价出现的位置距离区间末较近说明市场波动较之前呈放大状态；Aroon_down 接近于 1 说明市场底部较区间末十分临近，市场从长期看仍处于一个下降的通道中。

表 2　广东市场 Aroon 指标

项目	指标值
Aroon_up	0.684211
Aroon_down	0.940789

注：Aroon_up = 1 负区间最高价距离区间末的天数/区间总天数；Aroon_down = 1 负区间最低价距离区间末的天数/区间总天数。

（二）履约分析

广东 2013 年履约时间原定为 2014 年 6 月 20 日，后延迟至 7 月 15 日。从价格角度看，两波最明显的行情分别出现在原定履约日和实际履约日之前。4 月底至 5 月末，价格经历快速上涨，最高价格达到 74.99 元/吨，随后在 6 月中旬快速下跌至 60 元/吨的水平；6 月底至 7 月 15 日，价格再次经历快速下跌，最低价格跌至 44.14 元/吨。这种价格快速上涨、下跌体现了配额市场的真实供需关系。

从成交量角度看，原定履约日 6 月 20 日前一个月的总成交量为 45 万吨，占开市以来总成交量的 46%；实际履约日 7 月 15 日前一个月的成交量为 40 万吨，占开市以来总成交量的 40%。上述两个月总成交量占广东市场开市以来总成交量的 86%，说明广东市场的活跃度存在明显的"季节性"特征，以"履约"为目的的市场参与者成为市场主体。

根据"类威廉指标"分析显示，原定履约日前一个月的"类威廉指标"为 - 0.8，实际履约日前一个月的"类威廉指标"为 - 0.7。

两指标值均接近于 -1，从技术分析的角度看，说明市场卖方占了主动，价格下跌趋势明显，这与广东市场有较多的配额盈余有关。

表3 广东市场月度"类威廉指标"

时间	指标值
2013 年 12 月	-1
2014 年 1 月	NA
2014 年 2 月	NA
2014 年 3 月	0
2014 年 4 月	1
2014 年 5 月	-0.66
2014 年 6 月	0.35
2014 年 7 月	-0.29
5 月 20 日至 6 月 20 日	-0.80
6 月 15 日至 7 月 15 日	-0.70

表4 广东市场总结

项目	值
首日交易价格(元/吨)	60
8 月 1 日收盘价(元/吨)	63.99
涨跌幅(%)	6.65
最高收盘价(元/吨)	77
最低收盘价(元/吨)	44.14
最高收盘价涨幅(%)	28.33
最低收盘价跌幅(%)	-26.43
波动率(%)	9.22
日均成交量(吨)	6599.033
预计履约前一月成交量(万吨)	48
预计履约前一月成交量占比(%)	48
实际履约前一月成交量(万吨)	40
实际履约前一月成交量占比(%)	40.90

B.10
湖北碳市场报告

摘　要：

湖北控排企业纳入的标准最高，约为年排放15万吨，更多的针对大型排放企业，但配额总量设定在所有试点地区中最严。对电力行业采用基准法和历史法结合的方式发放配额，下降系数较大。对其他行业采用历史法分配配额，下降系数是所有试点地区中最大的。虽然对所有行业都实施根据实际产量（电量）可申请配额调整的政策，但控排企业配额缺口普遍存在。2013年没有履约任务。市场对投资机构和自然人开放。履约中使用CCER限制省内项目。交易规则中，为控制市场风险，设置了控排企业20万吨的交易额限制，平衡了配额的稀缺性。市场流动性在所有试点地区中最高，二级市场成交量最大。

关键词：

湖北碳市场　履约率　CCER　配额调整　配额缺口

一　立法（政策）介绍

（一）碳排放总量与年度配额总量的设定

《湖北省碳排放权管理和交易暂行办法》和《湖北省碳排放

权交易试点工作实施方案》明确了地区配额总量和年度配额总量的确定因素，即由主管部门在国家下达的"十二五"期间单位生产总值二氧化碳排放下降17%和单位生产总值能耗下降16%的目标范围内，根据本省经济增长趋势和产业结构优化、企业历史排放水平、行业先进排放水平、节能减排、淘汰落后产能等因素设定。[①] 碳排放配额总量包括企业年度碳排放初始配额、企业新增预留配额和政府预留配额。试点企业年度初始配额为2010年纳入企业碳排放总量的97%，新增预留配额的计算公式为：新增预留配额＝碳排放配额总量－（年度初始配额＋政府预留配额），[②] 碳排放配额总量的10%作为政府预留配额，主要用于市场调控和价格发现，用于价格发现的不超过政府预留配额的30%。[③]

（二）纳入企业范围

湖北省根据对2010～2011年中任何一年年综合能耗6万吨标准煤及以上的工业企业碳盘查结果，确定了涉及电力、钢铁、水泥、化工等12个行业，与其他试点省市有所不同的是，湖北省确定纳入配额管理的企业的标准并不直接以二氧化碳年排放量为依据，而以年综合能耗为标准。

（三）纳入企业配额的确定

企业年度初始配额根据企业历史排放水平等因素核定，企业新增预留配额主要用于企业新增产能和产量变化。不同类型的配额分

---

① 《湖北省碳排放权管理和交易暂行办法》第11条和《湖北省碳排放权交易试点工作实施方案》中"三、（二）"。

② 《湖北省碳排放权配额分配方案》中"三、（二）"。

③ 所谓价格发现，是指主管部门在交易初始阶段向市场投放一定数量的碳排放配额，形成初始交易价格的行政调节手段，目的是为市场各方提供价格预期。参见《湖北省碳排放权管理和交易暂行办法》第13、14、15、54条。

别采取无偿分配和有偿分配的方式，企业年度碳排放初始配额和企业新增预留配额实行无偿分配，其中，初始配额于每年 6 月最后一个工作日向试点企业发放；政府预留配额采取公开竞价的方式。①

纳入企业的免费配额采取历史法和标杆法相结合的计算方法。电力行业之外的其他工业企业采用历史法，其配额为历史排放基数与总量调整系数的乘积；电力行业纳入企业的配额为预分配配额与事后调节配额之和，其中，预分配配额采用历史法，其值为该纳入企业历史排放基数与总量调整系数乘积的 50%，事后调节配额则采用标杆法。②

纳入企业在因增减设施、合并、分立及产量变化等因素导致碳排放量与年度碳排放初始配额相差 20% 以上或者 20 万吨二氧化碳以上的，可以向主管部门申请对其碳排放配额进行重新核定并予以调整。③

（四）履约制度

纳入企业于每年 6 月最后一个工作日前向主管部门缴还与上一年度实际排放量相等数量的配额和（或者）中国核证自愿减排量（CCER）。同日，主管部门在注册登记系统将企业缴还的配额、中国核证自愿减排量（CCER）、未经交易的剩余配额以及预留的剩余配额予以注销。试点企业还可以通过投资开发产生核证减排量的项目以抵消其减排义务。④

纳入企业用于碳排放减排义务的 CCER 的比例不得超过该企业年度碳排放初始配额的 10%，1 吨中国核证自愿减排量相当于 1 吨

---

① 《湖北省碳排放权管理和交易暂行办法》第 15、16 条。
② 《湖北省碳排放权配额分配方案》中"四"。
③ 《湖北省碳排放权管理和交易暂行办法》第 17 条。
④ 《湖北省碳排放权管理和交易暂行办法》第 18、19、20 条，《湖北省碳排放权交易试点工作实施方案》中"三、（二）"。

碳排放配额，且用于抵消的 CCER 须满足两项条件：一是产生于湖北省行政区域内，二是产生于企业组织边界范围以外。[①]

纳入企业未履行配额清缴义务的，主管部门按照当年度碳排放配额市场均价，对差额部分处以 1 倍以上 3 倍以下，但最高不超过 15 万元的罚款，并在下一年度配额分配中予以双倍扣除，且各级发展改革部门不得受理其申报的有关国家和省节能减排项目。[②]

（五）碳排放量化、报告和核查（MRV）

纳入企业应当履行碳排放报告义务，于每年 2 月最后一个工作日前，向主管部门提交上一年度的碳排放报告，主管部门委托第三方核查机构对纳入碳排放配额管理的企业的碳排放量进行核查，第三方核查机构于每年 4 月最后一个工作日前向主管部门提交核查报告，纳入企业和第三方核查机构对其编制的碳排放报告和核查报告的真实性和完整性负责。试点企业对主管部门的审查结果有异议的，有权提出复查申请，后者应当进行核实并作出复查结论。[③]

（六）交易制度

湖北碳排放配额的交易平台是湖北碳排放权交易中心。目前，交易标的仅针对二氧化碳一种温室气体，包括试点企业的碳排放权配额和中国核证自愿减排量（CCER），将来有可能纳入其他温室

---

① 《湖北省碳排放权管理和交易暂行办法》规定的可用于抵消减排义务的核证减排量仅指中国自愿核证减排量（CCER），而不包括森林碳汇等项目产生的核证减排量。所谓组织边界，是指企业拥有股权或者控制权的生产业务范围。参见《湖北省碳排放权管理和交易暂行办法》第 18、55 条和《湖北省碳排放权交易试点工作实施方案》中"三、（二）"。

② 《湖北省碳排放权管理和交易暂行办法》第 46、45 条。

③ 《湖北省碳排放权管理和交易暂行办法》第 33、34、39 条。

气体。① 交易主体包括两类，即纳入企业和自愿参与碳排放权交易活动的法人机构、其他组织和个人。将来有可能根据试点情况，逐步扩大主体范围和数量。② 试点期间碳排放权交易采取现货交易，通过公开竞价等市场方式进行交易，并不排除将来开展碳排放权的期货交易。③

二 立法（政策）对市场的影响

（一）总量确定与配额分配

湖北省的纳入企业为2010～2011年中任何一年年综合能耗6万吨标准煤及以上的工业企业，首期为138家，覆盖电力、钢铁、水泥、化工等12个武钢高耗能、高排放的行业，大约年排放为15万吨。这一标准是试点地区中最高的，其他试点地区均为2万吨、1万吨或5000吨，甚至更低（如深圳市仅为3000吨）。纳入企业的高排放门槛制度，反映了湖北省作为耗能大省的产业结构与二氧化碳排放等现状和特点。

湖北省2013年没有履约义务，2014年确定的配额总量为3.24亿吨。不同行业的纳入企业采取不同的配额核定方法，电力企业以外的工业企业采用历史法；电力企业的一部分配额采用历史法，另一部分配额采用行业标杆法。在所有试点地区中，纳入企业配额分配政策是最为严格的，如采用历史法标准分配的纳入企业初始配额

---

① 《湖北省碳排放权管理和交易暂行办法》第24条和《湖北省碳排放权交易试点工作实施方案》中"三、（一）"。

② 《湖北省碳排放权管理和交易暂行办法》第23条和《湖北省碳排放权交易试点工作实施方案》中"三、（一）"。

③ 《湖北省碳排放权管理和交易暂行办法》第25条和《湖北省碳排放权交易试点工作实施方案》中"三、（二）"。

为该企业历史基准年平均排放量与总量调整系数的乘积，总量调整系数为 0.9192，意味着纳入企业的初始配额几乎仅为基准年平均排放量的 90%。电力企业的配额由预分配配额和事后调节配额构成，其分配更为严格，预分配部分采用历史法，数量仅为该企业历史基准年平均排放量与总量调整系数的乘积的 50%，即相当于基准年平均排放量的 45%，事后调节部分中的增发配额只有在其实际发电量超过基准年均发电量的 50% 才根据行业标杆法确定具体增发数量，而非按照该企业增发电量部分的实际排放量增发；但如果实际发电量低于基准年均发电量的 50% 而应予以收缴时，根据该企业的实际排放量予以收缴，在一般情况下，体现了"增严减松"的基本原则。

湖北省总量确定与配额分配是所有试点地区中最为严格的。预计配额缺口企业将多于盈余企业。2014 年电力行业基本处于配额缺口至平衡状态，盈余的可能性不大；由于钢铁、水泥、石化等行业 2013 年产量上升，预计这些行业出现缺口的可能性很大。因此湖北市场总体情况是配额供不应求。

（二）配额调整

纳入企业的配额重新核定的标准和方法也较为严格，只有当纳入企业的实际排放量与年度碳排放初始配额相差 20% 以上或者 20 万吨以上，才能申请重新核定并进行调整。追加和收缴的配额的结果是使实际排放量与初始配额两者之间的差额小于 20% 或 20 万吨。这一规定旨在限制单个企业配额的盈余或缺口总量，对控制违约风险有一定意义。

（三）履约与交易

湖北省规定给予未履约纳入企业以未履约差额部分市场均价

1～3倍的罚款，但最高不超过15万元，虽然并处在下一年度配额分配中双倍扣除的处罚，但由于罚款力度太小，双倍扣除几乎不能发挥作用，效果有待观察。

适于抵消用的CCER限制本省项目，抵消比例为企业初始配额的10%。由于湖北省配额总量较大，对于本地CCER的理论需求将达到3240万吨，湖北市场CCER未来价格可能比其他地区高。如果政策不变，CCER价格将有可能更趋近于配额价格。

2013年虽然没有履约义务，根据目前市场交易的实际过程来看，排放企业持有账户转移到交易账户中的配额上限为20万吨，因此限制了单个排放企业每年出售的配额不能超过20万吨。这一做法是所有试点地区中较为独特的，旨在控制市场流动性、降低违约风险，以达到与配额分配较严格导致配额稀缺之间的平衡。对大型排放企业，因为无法足额使用配额与CCER互换的比例，实际使用CCER的比例将低于10%。未经交易的配额将在履约时进行收缴，以此促使富余配额的控排企业出售富余配额，这一独特规定提高了市场流动性。

三　市场表现

湖北碳市场自2014年4月2日启动后，碳排放配额价格走势较为平稳，且成交较为活跃，成交量在7个试点地区中稳居第一。

从价格走势看，开市后的前四个交易日价格连续涨停，截至4月8日价格触及最高点29.25元/吨。随后价格出现了回落，截至8月1日湖北省碳排放配额价格为23.37元/吨，较开盘价21元/吨上涨11.3%。

从交易量看，4月2日开市至今日均成交量5.99万吨，远高于其余6个碳市场。湖北省首次配额履约时间为2015年5月，该

市场在2014年上半年未出现交易量骤增的情况。

Aroon指标显示，自开市以来湖北市场的 Aroon_up 为 0. 02，Aroon_down 为 0. 57。Aroon_up 接近于 0，且 Aroon_down 大于 0. 5 说明市场从长期看处于平稳中略微有下降趋势的通道中。

表1 湖北市场 Aroon 指标

项目	指标值
Aroon_up	0. 02381
Aroon_down	0. 571429

表2 湖北市场月度"类威廉指标"

时间	指标值
2014 年 4 月	0. 664643
2014 年 5 月	− 0. 59259
2014 年 6 月	− 0. 69318
2014 年 7 月	0. 475862

表3 湖北市场总结

项目	值
首日交易价格(元/吨)	20
8 月 1 日收盘价(元/吨)	23. 37
涨跌幅(%)	16. 85
最高收盘价(元/吨)	26. 59
最低收盘价(元/吨)	20
最高收盘价涨幅(%)	32. 95
最低收盘价跌幅(%)	0. 00
波动率(%)	3. 59
日均成交量(吨)	59916. 45

附　录

Appendixes

B.11
中国碳指数（CCI）、
AROON 指标、类威廉指标

一　中国碳指数（China Carbon Index，CCI）

深圳、上海、北京、广东、天津、湖北、重庆先后陆续开启了 7 个碳交易试点，为将来中国统一碳交易市场的建立开始积累宝贵经验。在建立全国统一市场之前，由于各试点地区配额分配立法与政策的差异性，中国的配额市场由 7 个相互独立的配额市场构成。中国碳指数（CCI）由低碳发展国际合作联盟编制并独家授权华能碳资产经营有限公司发布，囊括上述 7 个碳交易试点，用以从全国的角度观察、分析中国碳市场。

中国碳指数（CCI）采用价格加权平均的方法，权数为各市场发放配额量占总配额量的比例，每日通过"华能碳讯"微信平台

向外发布。通过采用加权平均的方法，指数给予配额量大的市场较高的权重，其价格的变化对指数的走势有更大的影响。因此，中国碳指数（CCI）可以更客观的反应中国碳市场碳排放权配额的供需变化。具体计算方法如下。

1. 基期指数

将 2013 年 11 月 26 日的中国碳指数（CCI）设定为基期指数。基期指数定为 100 点，采用 100 为初值可以直观地看出指数值的百分比变动。

2. 计算公式

为了更客观、连续的反映中国碳市场价格的走势，报告期指数的值为各个碳市场价格增长幅度的加权平均值乘以上一报告期指数，具体计算公式如下。

报告期指数 =（报告期碳配额市值/上一报告期碳配额市值）×上一报告期指数

其中，配额市值 = ∑碳交易收盘价×配额发放量

3. 指数修正

如果有新的省市开启碳交易则需要对指数进行修正，将新的碳市场价格变化纳入指数考虑范围内，修正方式如下。

交易首日指数 =［报告期碳配额市值（New）/上一报告期碳配额市值（New）］×上一报告期指数

其中，碳配额市值（New）包括新成立的碳交易市场在内的配额市值，新成立碳交易市场的涨幅按照首个交易日的开盘价和收盘价计算。

4. 指数意义

传统金融理论将单独商品价格风险分为两部分：系统性风险和非系统性风险。长期来看，系统性风险贡献的 beta 收益是中长期投资收益的主要来源。因此，从中国碳指数（CCI）可以分析整体

碳交易市场，进而有助于单独试点市场中长期投资策略的制定。具体应用如下。

其一，中国碳指数（CCI）有助于控排企业和投资者分析碳交易市场的整体趋势，从而有助于把握各个试点市场的中长期价格走势。

其二，通过对比各个试点市场走势和中国碳指数 CCI 走势，有助于碳市场投资者了解各个市场相对总体碳市场的活跃程度，从而制定资金在各个试点市场间的分配方案。

其三，作为中国碳交易市场第一个指数，中国碳指数 CCI 可作为未来碳市场相关产品的基准，如碳指数基金、碳指数 ETF、碳指数期货等。

二　AROON 指标

作为非参数统计法的一种，Aroon 被广泛应用于期货市场，其原理是通过寻找过去一段时间内市场价格顶点、底部出现的位置来预判市场行情。华能碳资产经营有限公司交易团队尝试将其运用于我国的试点地区碳市场的走势分析。

具体计算公式如下：

Aroon_up $= 1 - H/n$

Aroon_down $= 1 - L/n$

其中，n，测试区间天数，一般为过去 5 个交易日；H，测试区间内最高价距离当日的天数；L，测试区间内最低价距离当日的天数。

例如，过去 5 个交易日收盘价格为 24、23、25、26、24.5，则 $n = 5$，$H = 2$（2 天前出现最高价），$L = 4$（4 天前出现最低价）。

Aroon_up 值接近 1，说明市场高点出现在近期，预示着市场长

期处在一个上涨阶段；Aroon_down值接近1，说明市场低点出现在近期，预示着市场长期处于下跌阶段。当 Aroon_up 值、Aroon_down值都接近1时，只能说明市场波动在增大，无法单纯依靠指标判断市场所处趋势。

三　类威廉（TW）指标

威廉指标（W）是证券期货市场常用的技术分析指标。华能碳资产经营有限公司交易团队尝试将该指标进行相应的修改后，形成一个新的可用于分析中国试点碳市场的类似指标，并命名为"类威廉指标"。

"类威廉指标"算法为：

TW＝（收盘价－开盘价）／（最高价－最低价）；－1≤TW≤1

TW＞0，说明买方占市场主动，指标接近1说明买方意愿强烈；

TW＜0，说明卖方占市场主动，指标接近－1说明卖方意愿强烈。

优点：在市场涨跌幅不明显时，指标有助于分析市场多空优势；

缺点：在市场成交不频繁时，指标失效。

月度类威廉指标为：

TW（月）＝（区间最后一个收盘价－区间第一个收盘价）／（区间最高收盘价－区间最低收盘价）

计算原理与日类威廉指标相似，应用于分析市场长期趋势。

B.12
中国碳试点主要法律文件

附件1 温室气体自愿减排交易管理暂行办法

第一章 总则

第一条 为鼓励基于项目的温室气体自愿减排交易，保障有关交易活动有序开展，制定本暂行办法。

第二条 本暂行办法适用于二氧化碳（CO_2）、甲烷（CH_4）、氧化亚氮（N_2O）、氢氟碳化物（HFC_S）、全氟化碳（PFC_S）和六氟化硫（SF_6）等六种温室气体的自愿减排量的交易活动。

第三条 温室气体自愿减排交易应遵循公开、公平、公正和诚信的原则，所交易减排量应基于具体项目，并具备真实性、可测量性和额外性。

第四条 国家发展改革委作为温室气体自愿减排交易的国家主管部门，依据本暂行办法对中华人民共和国境内的温室气体自愿减排交易活动进行管理。

第五条 国内外机构、企业、团体和个人均可参与温室气体自愿减排量交易。

第六条 国家对温室气体自愿减排交易采取备案管理。参与自愿减排交易的项目，在国家主管部门备案和登记，项目产生的减排量在国家主管部门备案和登记，并在经国家主管部门备案的交易机构内交易。

中国境内注册的企业法人可依据本暂行办法申请温室气体自愿减排项目及减排量备案。

第七条 国家主管部门建立并管理国家自愿减排交易**登记簿**（以下简称"国家登记簿"），用于登记经备案的自愿减排项目和减排量，详细记录项目基本信息及减排量备案、交易、注销等有关情况。

第八条 在每个备案完成后的 10 个工作日内，国家主管部门通过公布相关信息和提供国家**登记簿**查询，引导参与自愿减排交易的相关各方，对具有公信力的自愿减排量进行交易。

第二章 自愿减排项目管理

第九条 参与温室气体自愿减排交易的项目应采用经国家主管部门备案的方法学并由经国家主管部门备案的审定机构审定。

第十条 方法学是指用于确定项目基准线、论证额外性、计算减排量、制定监测计划等的方法指南。

对已经联合国清洁发展机制执行理事会批准的清洁发展机制项目方法学，由国家主管部门委托专家进行评估，对其中适合于自愿减排交易项目的方法学予以备案。

第十一条 对新开发的方法学，其开发者可向国家主管部门申请备案，并提交该方法学及所依托项目的设计文件。国家主管部门接到新方法学备案申请后，委托专家进行技术评估，评估时间不超过 60 个工作日。

国家主管部门依据专家评估意见对新开发方法学备案申请进行审查，并于接到备案申请之日起 30 个工作日内（不含专家评估时间）对具有合理性和可操作性、所依托项目设计文件内容完备、技术描述科学合理的新开发方法学予以备案。

第十二条 申请备案的自愿减排项目在申请前应由经国家主管

部门备案的审定机构审定，并出具项目审定报告。项目审定报告主要包括以下内容：

（一）项目审定程序和步骤；

（二）项目基准线确定和减排量计算的准确性；

（三）项目的额外性；

（四）监测计划的合理性；

（五）项目审定的主要结论。

第十三条　申请备案的自愿减排项目应于 2005 年 2 月 16 日之后开工建设，且属于以下任一类别：

（一）采用经国家主管部门备案的方法学开发的自愿减排项目；

（二）获得国家发展改革委批准作为清洁发展机制项目，但未在联合国清洁发展机制执行理事会注册的项目；

（三）获得国家发展改革委批准作为清洁发展机制项目在联合国清洁发展机制执行理事会注册前就已经产生减排量的项目；

（四）在联合国清洁发展机制执行理事会注册但减排量未获得签发的项目。

第十四条　国资委管理的中央企业中直接涉及温室气体减排的企业（包括其下属企业、控股企业），直接向国家发展改革委申请自愿减排项目备案。具体名单由国家主管部门制定、调整和发布。

未列入前款名单的企业法人，通过项目所在省、自治区、直辖市发展改革部门提交自愿减排项目备案申请。省、自治区、直辖市发展改革委部门就备案申请材料的完整性和真实性提出意见后转报国家主管部门。

第十五条　申请自愿减排项目备案须提交以下材料：

（一）项目备案申请函和申请表；

（二）项目概况说明；

（三）企业的营业执照；

（四）项目可研报告审批文件、项目核准文件或项目备案文件；

（五）项目环评审批文件；

（六）项目节能评估和审查意见；

（七）项目开工时间证明文件；

（八）采用经国家主管部门备案的方法学编制的项目设计文件；

（九）项目审定报告。

第十六条 国家主管部门接到资源减排项目备案申请材料后，委托专家进行技术评估，评估时间不超过 30 个工作日。

第十七条 国家主管部门商有关部门依据专家评估意见对自愿减排项目备案申请进行审查，并于接到备案申请之日起 30 个工作日内（不含专家评估时间）对符合下列条件的项目予以备案，并在国家登记簿登记：

（一）符合国家相关法律法规；

（二）符合本办法规定的项目类别；

（三）备案申请材料符合要求；

（四）方法学应用、基准线确定、温室气体减排量的计算及其检测方法得当；

（五）具有额外性；

（六）审定报告符合要求；

（七）对可持续发展有贡献。

第三章　项目减排量管理

第十八条 经备案的自愿减排项目产生减排量后，作为项目业主的企业在向国家主管部门申请减排量备案前，应由经国家主管部门备案的核证机构核证，并出具减排量核证报告。减排量核证报告主要包括以下内容：

（一）减排量核证的程序和步骤；

（二）监测计划的执行情况；

（三）减排量核证的主要结论。

对年减排量 6 万吨以上的项目进行过审定的机构，不得再对同一项目的减排量进行核证。

第十九条 申请减排量备案须提交以下材料：

（一）减排量备案申请函；

（二）项目业主或项目业主委托的咨询机构编制的监测报告；

（三）减排量核证报告。

第二十条 国家主管部门接到减排量备案申请材料后，委托专家进行技术评估，评估时间不超过 30 个工作日。

第二十一条 国家主管部门依据专家评估意见对减排量备案申请进行审查，并于接到备案申请之日起 30 个工作日内（不含专家评估时间）对符合下列条件的减排量予以备案：

（一）产生减排量的项目已经国家主管部门备案；

（二）减排量监测报告符合要求；

（三）减排量核证报告符合要求。

经备案的减排量称为"核证自愿减排量（CCER）"，单位以"吨二氧化碳当量（tCO_2e）"计。

第二十二条 自愿减排项目减排量经备案后，在国家登记簿登记并在经备案的交易机构内交易。用于抵消碳排放的减排量，应于交易完成后在国家登记簿中予以注销。

第四章 减排量交易

第二十三条 温室气体自愿减排量应在经国家主管部门备案的交易机构内，依据交易机构制定的交易细则进行交易。

经备案的交易机构的交易系统与国家登记簿连接，实时记录减

排量变更情况。

第二十四条 交易机构通过其所在省、自治区和直辖市发展改革部门向国家主管部门申请备案,并提交以下材料:

(一)机构的注册资本及股权机构说明;

(二)章程、内部监管制度及有关设施情况报告;

(三)高层管理人员名单及简历;

(四)交易机构的场地、网络、设备、人员等情况说明及相关地方或行业主管部门出具的意见和证明材料;

(五)交易细则。

第二十五条 国家主管部门对交易机构备案申请进行审查,审查时间不超过 6 个月,并于审查完成后对符合以下条件的交易机构予以备案:

(一)在中国境内注册的中资法人机构,注册资本不低于 1 亿元人民币;

(二)具有符合要求的营业场所、交易系统、结算系统、业务资料报送系统和与业务有关的其他设施;

(三)拥有具备相关领域专业知识及相关经验的从业人员;

(四)具有严格的监察稽核、风险控制等内部监控制度;

(五)交易细则内容完整、明确,具备可操作性。

第二十六条 对自愿减排交易活动中有违法违规情况的交易机构,情节较轻的,国家主管部门将责令其改正;情节严重的,将公布其违法违规信息,并通告其原备案无效。

第五章　审定与核证管理

第二十七条 从事本暂行办法第二章规定的自愿减排交易项目审定和第三章规定的减排量核证业务的机构,应通过其注册地所在省、自治区和直辖市发展改革部门向国家主管部门申请备案,并提交以下材料：

（一）营业执照；

（二）法定发表人身份证明文件；

（三）在项目审定、减排量核证领域的业绩证明材料；

（四）审核员名单及其审核领域。

第二十八条 国家主管部门接到审定与核证机构备案申请材料后，对审定与核证机构备案申请进行审查，审查时间不超过 6 个月，并于审查完成后对符合下列条件的审定与核证机构予以备案：

（一）成立及经营符合国家相关法律规定；

（二）具有规范的管理制度；

（三）在审定与核证领域具有良好的业绩；

（四）具有一定数量的审核员，审核员在其审核领域具有丰富的从业经验，未出现任何不良记录；

（五）具备一定的经济偿付能力。

第二十九条 经备案的审定和核证机构，在开展相关业务过程中如出现违法违规情况，情节较轻的，国家主管部门将责令其改正；情节严重的，将公布其违法违规信息，并通告其原备案无效。

第六章 附则

第三十条 本暂行办法由国家发展改革委负责解释。

第三十一条 本暂行办法自印发之日起施行。

附件2 北京市碳排放权交易试点实施方案
（2012～2015）

开展碳排放权交易是实现"内涵促降"的重要抓手，是完善要素市场建设的迫切需要，是推动首都经济低碳转型的战略选择，对于有效缓解资源环境约束，加快建设"绿色北京"具有重要意义。按照国家发展改革委办公厅《关于开展碳排放权交易试点工作的通知》（发改办气候〔2011〕2601号）要求，为保障碳排放权交易试点工作顺利实施，特制定本方案。

一 总体思路和工作目标

（一）总体思路

贯彻科学发展观，落实"人文北京、科技北京、绿色北京"战略和建设中国特色世界城市的总体要求，根据国家碳排放权交易试点工作的总体部署，坚持"政府引导、企业主体、社会参与"的基本原则，通过顶层设计和制度安排，以建立完善碳排放权交易政策法规和配额分配制度为先导，以健全温室气体排放报告、监测、核证体系为支撑，以强化监管和规范交易为保障，以培育公平、活跃的交易市场为手段，逐步形成"制度完善、交易活跃、监管严格、市场规范"的区域性碳排放权交易市场体系，推动温室气体减排工作，实现温室气体减排工作，实现"十二五"单位地区生产总值二氧化碳下降目标，为全国实施碳排放权交易探索经验并发挥示范作用。

（二）工作目标

2011～2012年，完成碳排放权交易试点实施方案、**登记簿**和交易电子系统建设、交易试点管理办法制定、重点排放者排放报告制度建设等基础筹备工作；2013 年，正式启动碳排放权交易。到 2015 年，基本形成符合本市实际的碳排放权交易市场体系。

二　市场要素安排

（一）　交易主体

本市辖区内 2009～2011 年年均直接或间接二氧化碳排放总量 1 万吨（含）以上的固定设施排放企业（单位）强制参加，其他排放企业（单位）自愿参加。

（二）交易产品

在"十二五"时期，本市碳排放权交易试点针对二氧化碳一种温室气体。碳排放权市场交易产品包括：直接二氧化碳排放权、间接二氧化碳排放权和由中国温室气体自愿减排交易活动产生的中国核证减排量。

（三）交易平台

优先选择北京境内现有相关交易所作为政府特许经营的场内交易平台。

（四）交易价格

主要由供需双方采取协商、竞价等市场化方式确定。当市场波动过于剧烈时，政府采取公开市场交易方式调节价格，即当市场配额严重短缺，交易价格过高时，政府通过拍卖等市场操作方式投放部分配额入市；当市场配额过多，交易价格过低时，政府通过回购等市场操作方式回收部分配额。

三　配套政策机制

（一）实行重点排放者二氧化碳排放权配额制度

根据国家下达给本市的碳减排目标，在国家发展改革委统筹指导下，结合本市实际，实施对重点排放者进行排放总量目标控制政策，建立排放报告制度，进行配额分配，允许通过买卖进行余缺调剂，为实现大规模碳排放交易提供前提和动力。具体措施包括：

1. 设定所有强制市场参与者的排放总量控制目标

组织开展全市 2005～2010 年温室气体清单编制和 2015 年、2020 年排放预测工作，摸清全市各主要领域和重点行业温室气体排放情况。在此基础上，结合现阶段全市经济社会发展实际、趋势和国家下达的"十二五"期间单位 GDP 二氧化碳下降17% 的任务要求，设定全市所有强制市场参与者排放总量。

2. 实行强制市场参与者排放报告制度

研究制定并发布针对不同行业的企业（单位）的温室气体核算指南，组织开展企业（单位）温室气体清单编制培训工作；组织研究制定不同行业的企业温室气体第三方核查办法和第三方核查机构管理办法，培训和认证一批第三方审核机构。强制市场参与者必须建立重点能源消耗活动水平数据和排放因子定期测量检测机制，每年 3 月按规定向市发展改革委报告经过第三方审核机构核证的上一年度温室气体清单以及排放量计算、检测方法。采用经确认的上一年度企业温室气体排放量，作为下一年度配额分配的数据基础。

3. 向强制市场参与者分配二氧化碳排放配额

综合考虑企业（单位）历史排放水平、行业先进排放水平。行业技术发展趋势、全市经济结构调整及节能减排淘汰落后产能整体工作安排等因素，设定不同行业或领域（主要分为热力供应、电力和热电供应、制造业和大型公共建筑）的排放系数，按行业制定配额分配方案。配额分年度发放，2013 年排放配额基于企业（单位）2009～2011 年排放水平，按配额分配方案计算确定，在 2012 年 12 月前向企业（单位）免费发放；2014 年和 2015 年排放配额分别根据上一年度排放水平计算确定，在每年 5 月前发放。"十二五"期间，除免费发放的配额外，政府预留少部分配额，通过拍卖方式进行分配。

4. 关于配额的使用

配额不可预借，不可储存至 2015 年后使用。每年度在规定时间前，强制市场参与者需上缴所拥有的配额或中国核证减排量，用以抵消该年度的二氧化碳排放。抵消其排放量后有剩余排放配额的强制市场参与者，可以把其配额转让给其他市场参与者；自身排放量超过其拥有初始配额的，可购买配额或中国核证减排量。强制交易市场参与者不能借用未来的二氧化碳排放权。

（二）鼓励非强制市场参与者实施温室气体减排项目交易

为活跃交易市场，年二氧化碳排放量 1 万吨以下的排放者（非强制市场参与者）可按《中国温室气体自愿减排管理办法》规定开展温室气体减排活动，获得"中国核证减排量"。强制市场参与者可购买使用"中国核证减排量"抵消其排放。

（三）加快场内交易平台建设

制定《北京市碳排放权交易场内交易规则》，明确碳排放权场内交易规则、交易流程，进一步完善电子交易平台系统。支持政府选定的交易所在碳排放权交易试点整体统筹下，不断创新开发衍生交易产品和模式，活跃交易市场。规范场外交易，逐步形成活跃有序的交易体系。

（四）完善市场管理机制

制定发布《北京市碳排放权交易管理办法》，确定参与碳排放

权交易的主体、交易平台、第三方核证机构的权利和义务，清晰政府部门权力与职责、违规罚则等本市碳排放权交易市场的基本规则。借鉴国际经验，高标准建设碳排放权交易**登记簿**，配额的发放、转移、抵消采取电子化手段管理。研究制定碳排放报告、核查的细则，建立信息披露制度，政府依法对碳排放权交易的配额产生、分配、流转和抵消等各环节进行监督管理，对违反管理办法的行为进行处罚，维护碳交易市场的稳定健康运行。

（五）建立市场监管服务组织

设立北京市碳排放权交易政策委员会。政策委员会由市政府、国家应对气候变化主管部门、排放者代表等组成，负责制定本市碳排放权交易市场的相关政策，做出决策。

设立北京市碳排放权交易技术委员会。技术委员会由应对气候变化政策专家、温室气体核算专家、碳交易市场专家、金融专家、市场运行分析专家等组成，负责为碳排放权交易市场提供技术支撑，对于交易技术纷争进行仲裁。

成立市应对气候变化战略研究中心。全面加强北京市应对气候变化相关研究，并依照各项政策和法规，在市政府授权和相关部门指导下，负责具体管理和维护北京市二氧化碳排放权**登记簿**，组织核查市场参与者的排放数据，监管市场交易等工作。

四 保障措施和进度安排

（一） 保障措施

1. 加强组织领导和责任落实

在市应对气候变化及节能减排工作领导小组的统筹领导下，各部门各负其责、紧密协作，推进试点建设。成立北京市碳排放权交易试点工作联席会议，由市领导担任第一召集人，市发展改革委主任担任召集人，各有关部门领导作为成员，联席会议办公室设在市发展改革委，负责碳排放权交易试点日常工作。各相关部门积极配合，做好相关政策措施的研究制定和主管企业（单位）的管理动员工作。国有企业（单位）加强对碳排放权交易机制的研究，抓好基础数据和低碳技术储备，积极参与交易，在低碳发展中发挥示范引领作用。

2. 加大资金投入

市级财政做好碳排放权交易试点前期建设资金保障工作，支持排放权交易试点实施方案、管理办法和碳排放交易软硬件平台、登记簿、温室气体排放统计监测体系与监管能力建设。拓宽融资渠道，吸引国内外各类赠款、基金支持碳排放权交易体系的建设。鼓励银行等金融机构引入温室气体减排评价要素，为碳排放交易市场参与者提供减排项目融资服务。

3. 加强人员保障和科技支撑

充分利用国家级机构的专家研究力量，开展试点工作研究和制度设计。在国家统一指导下，积极邀请熟悉成熟交易体系的国际专家，为试点建设提供指导和建议。采用引进和自主培养相结合的方式，加强碳排放权市场管理人员队伍配置，吸引高素质的专业人才参与本市碳排放权交易市场建设。充分发挥本市节能低碳创新服务平台的作用，加大低碳技术研发推广力度，推动已有各类科技条件资源开放共享，为市场参与者提供减排咨询服务和技术支撑。

4. 加强交流与合作

加强与国内其他试点地区的沟通交流，在国家指导下加强与相关国际组织、非政府组织的联系，开展与欧盟等国际碳排放交易体系较成熟国家和地区的交流与合作，借鉴其在碳排放交易市场建立和运行管理过程中的经验。

5. 加强宣传引导

利用报刊、电视、网络等媒体，进一步加强国家政策法规宣传，普及碳排放权交易知识，弘扬绿色低碳发展理念，营造良好社会氛围。

（二）进度安排

1. 方案准备阶段（2011 年 11 月至 2012 年 3 月）

全面启动各项研究建设工作，碳排放权交易试点实施方案报请市政府和国家发展改革委审批。召开全市碳排放权交易试点启动大会，动员部署试点建设工作。完成北京市温室气体排放清单编制。

2. 筹备建设阶段（2012 年 4 月至 2012 年 12 月）

制定发布《北京市二氧化碳排放交易市场管理办法》、《企业温室气体清单核算指南》等市场管理规则，完成企业温室气体核算方法培训、清单报送、核查及配额分配工作。在国家统筹指导下，认定一批第三方审核机构。建立温室气体清单报送电子系统、登记簿和交易平台系统，建立市应对气候变化战略研究中心。

3. 启动运行阶段（2013 年 1 月至 2014 年 3 月）

正式启动本市二氧化碳排放权交易试点，研究制定引导企业参与、活跃交易市场的配套支持政策。

4. 完善深化阶段（2014 年 4 月至 2015 年 12 月）

完成碳排放权交易试点工作总结评估。结合国家安排和本市实际，研究扩大交易范围、实施碳排放期权期货交易等深化交易市场建设的相关方案。不断完善管理和政策体系，进一步形成有利于碳排放权交易市场发展、有效促进温室气体减排的工作机制。

附件 3　上海市碳排放管理试行办法

（2013 年 11 月 18 日上海市人民政府令第 10 号公布）

第一章　总则

第一条（目的和依据）

为了推动企业履行碳排放控制责任，实现本市碳排放控制目标，规范本市碳排放相关管理活动，推进本市碳排放交易市场健康发展，根据国务院《"十二五"控制温室气体排放工作方案》等有关规定，结合本市实际，制定本办法。

第二条（适用范围）

本办法适用于本市行政区域内碳排放配额的分配、清缴、交易以及碳排放监测、报告、核查、审定等相关管理活动。

第三条（管理部门）

市发展改革部门是本市碳排放管理工作的主管部门，负责对本市碳排放管理工作进行综合协调、组织实施和监督保障。

本市经济信息化、建设交通、商务、交通港口、旅游、金融、统计、质量技监、财政、国资等部门按照各自职责，协同实施本办法。

本办法规定的行政处罚职责，由市发展改革部门委托上海市节能监察中心履行。

第四条（宣传培训）

市发展改革部门及相关部门应当加强碳排放管理的宣传、培训，鼓励企事业单位和社会组织参与碳排放控制活动。

第二章　配额管理

第五条（配额管理制度）

本市建立碳排放配额管理制度。年度碳排放量达到规定规模的

排放单位，纳入配额管理；其他排放单位可以向市发展改革部门申请纳入配额管理。

纳入配额管理的行业范围以及排放单位的碳排放规模的确定和调整，由市发展改革部门会同相关行业主管部门拟订，并报市政府批准。纳入配额管理的排放单位名单由市发展改革部门公布。

第六条（总量控制）

本市碳排放配额总量根据国家控制温室气体排放的约束性指标，结合本市经济增长目标和合理控制能源消费总量目标予以确定。

纳入配额管理的单位应当根据本单位的碳排放配额，控制自身碳排放总量，并履行碳排放控制、监测、报告和配额清缴责任。

第七条（分配方案）

市发展改革部门应当会同相关部门制定本市碳排放配额分配方案，明确配额分配的原则、方法以及流程等事项，并报市政府批准。

配额分配方案制定过程中，应当听取纳入配额管理的单位、有关专家及社会组织的意见。

第八条（配额确定）

市发展改革部门应当综合考虑纳入配额管理单位的碳排放历史水平、行业特点以及先期节能减排行动等因素，采取历史排放法、基准线法等方法，确定各单位的碳排放配额。

第九条（配额分配）

市发展改革部门应当根据本市碳排放控制目标以及工作部署，采取免费或者有偿的方式，通过配额登记注册系统，向纳入配额管理的单位分配配额。

第十条（配额承继）

纳入配额管理的单位合并的，其配额及相应的权利义务由合并后存续的单位或者新设的单位承继。

纳入配额管理的单位分立的，应当依据排放设施的归属，制定合理的配额分拆方案，并报市发展改革部门。其配额及相应的权利义务，由分立后拥有排放设施的单位承继。

第三章　碳排放核查与配额清缴

第十一条（监测制度）

纳入配额管理的单位应当于每年 12 月 31 日前，制定下一年度碳排放监测计划，明确监测范围、监测方式、频次、责任人员等内容，并报市发展改革部门。

纳入配额管理的单位应当加强能源计量管理，严格依据监测计划实施监测。监测计划发生重大变更的，应当及时向市发展改革部门报告。

第十二条（报告制度）

纳入配额管理的单位应当于每年 3 月 31 日前，编制本单位上一年度碳排放报告，并报市发展改革部门。

年度碳排放量在 1 万吨以上但尚未纳入配额管理的排放单位应当于每年 3 月 31 日前，向市发展改革部门报送上一年度碳排放报告。

提交碳排放报告的单位应当对所报数据和信息的真实性、完整性负责。

第十三条（碳排放核查制度）

本市建立碳排放核查制度，由第三方机构对纳入配额管理单位提交的碳排放报告进行核查，并于每年 4 月 30 日前，向市发展改革部门提交核查报告。市发展改革部门可以委托第三方机构进行核查；根据本市碳排放管理的工作部署，也可以由纳入配额管理的单位委托第三方机构核查。

在核查过程中，纳入配额管理的单位应当配合第三方机构开展工作，如实提供有关文件和资料。第三方机构及其工作人员应当遵

守国家和本市相关规定，独立、公正地开展碳排放核查工作。

第三方机构应当对核查报告的规范性、真实性和准确性负责，并对被核查单位的商业秘密和碳排放数据负有保密义务。

第十四条（第三方机构管理）

市发展改革部门应当建立与碳排放核查工作相适应的第三方机构备案管理制度和核查工作规则，建立向社会公开的第三方机构名录，并对第三方机构及其碳排放核查工作加强监督管理。

第十五条（年度碳排放量的审定）

市发展改革部门应当自收到第三方机构出具的核查报告之日起30日内，依据核查报告，结合碳排放报告，审定年度碳排放量，并将审定结果通知纳入配额管理的单位。碳排放报告以及核查、审定情况由市发展改革部门抄送相关部门。

有下列情形之一的，市发展改革部门应当组织对纳入配额管理的单位进行复查并审定年度碳排放量：

（一）年度碳排放报告与核查报告中认定的年度碳排放量相差10%或者10万吨以上；

（二）年度碳排放量与前一年度碳排放量相差20%以上；

（三）纳入配额管理的单位对核查报告有异议，并能提供相关证明材料；

（四）其他有必要进行复查的情况。

第十六条（配额清缴）

纳入配额管理的单位应当于每年6月1日至6月30日期间，依据经市发展改革部门审定的上一年度碳排放量，通过登记系统，足额提交配额，履行清缴义务。纳入配额管理的单位用于清缴的配额，在登记系统内注销。

用于清缴的配额应当为上一年度或者此前年度配额；本单位配额不足以履行清缴义务的，可以通过交易，购买配额用于清缴。配额有结余的，可以在后续年度使用，也可以用于配额交易。

第十七条（抵消机制）

纳入配额管理的单位可以将一定比例的国家核证自愿减排量（CCER）用于配额清缴。用于清缴时，每吨国家核证自愿减排量相当于1吨碳排放配额。国家核证自愿减排量的清缴比例由市发展改革部门确定并向社会公布。

本市纳入配额管理的单位在其排放边界范围内的国家核证自愿减排量不得用于本市的配额清缴。

第十八条（关停和迁出时的清缴）

纳入配额管理的单位解散、注销、停止生产经营或者迁出本市的，应当在15日内，向市发展改革部门报告当年碳排放情况。市发展改革部门接到报告后，由第三方机构对该单位的碳排放情况进行核查，并由市发展改革部门审定当年碳排放量。

纳入配额管理的单位根据市发展改革部门的审定结论完成配额清缴义务。该单位已无偿取得的此后年度配额的50%，由市发展改革部门收回。

第四章 配额交易

第十九条（配额交易制度）

本市实行碳排放交易制度，交易标的为碳排放配额。

本市鼓励探索创新碳排放交易相关产品。

碳排放交易平台设在上海环境能源交易所（以下称"交易所"）。

第二十条（交易规则）

交易所应当制订碳排放交易规则，明确交易参与方的条件、交易参与方的权利义务、交易程序、交易费用、异常情况处理以及纠纷处理等，报经市发展改革部门批准后由交易所公布。

交易所应当根据碳排放交易规则，制定会员管理、信息发布、

结算交割以及风险控制等相关业务细则，并提交市发展改革部门备案。

第二十一条（交易参与方）

纳入配额管理的单位以及符合本市碳排放交易规则规定的其他组织和个人，可以参与配额交易活动。

第二十二条（会员交易）

交易所会员分为自营类会员和综合类会员。自营类会员可以进行自营业务；综合类会员可以进行自营业务，也可以接受委托从事代理业务。

纳入配额管理的单位作为交易所的自营类会员，并可以申请作为交易所的综合类会员。

第二十三条（交易方式）

配额交易应当采用公开竞价、协议转让以及符合国家和本市规定的其他方式进行。

第二十四条（交易价格）

碳排放配额的交易价格，由交易参与方根据市场供需关系自行确定。任何单位和个人不得采取欺诈、恶意串通或者其他方式，操纵碳排放交易价格。

第二十五条（交易信息管理）

交易所应当建立碳排放交易信息管理制度，公布交易行情、成交量、成交金额等交易信息，并及时披露可能影响市场重大变动的相关信息。

第二十六条（资金结算和配额交割）

碳排放交易资金的划付，应当通过交易所指定结算银行开设的专用账户办理。结算银行应当按照碳排放交易规则的规定，进行交易资金的管理和划付。

碳排放交易应当通过登记注册系统，实现配额交割。

第二十七条（交易费用）

交易参与方开展交易活动应当缴纳交易手续费。交易手续费标准由市价格主管部门制定。

第二十八条（风险管理）

市发展改革部门根据经济社会发展情况、碳排放控制形势等，会同有关部门采取相应调控措施，维护碳排放交易市场的稳定。

交易所应当加强碳排放交易风险管理，并建立下列风险管理制度：

（一）涨跌幅限制制度；

（二）配额最大持有量限制制度以及大户报告制度；

（三）风险警示制度；

（四）风险准备金制度；

（五）市发展改革部门明确的其他风险管理制度。

第二十九条（异常情况处理）

当交易市场出现异常情况时，交易所可以采取调整涨跌幅限制、调整交易参与方的配额最大持有量限额、暂时停止交易等紧急措施，并应当立即报告市发展改革部门。异常情况消失后，交易所应当及时取消紧急措施。

前款所称异常情况，是指在交易中发生操纵交易价格的行为或者发生不可抗拒的突发事件以及市发展改革部门明确的其他情形。

第三十条（区域交易）

本市探索建立跨区域碳排放交易市场，鼓励其他区域企业参与本市碳排放交易。

第五章　监督与保障

第三十一条（监督管理）

市发展改革部门应当对下列活动加强监督管理：

（一）纳入配额管理单位的碳排放监测、报告以及配额清缴等活动；

（二）第三方机构开展碳排放核查工作的活动；

（三）交易所开展碳排放交易、资金结算、配额交割等活动；

（四）与碳排放配额管理以及碳排放交易有关的其他活动。

市发展改革部门实施监督管理时，可以采取下列措施：

（一）对纳入配额管理单位、交易所、第三方机构等进行现场检查；

（二）询问当事人及与被调查事件有关的单位和个人；

（三）查阅、复制当事人及与被调查事件有关的单位和个人的碳排放交易记录、财务会计资料以及其他相关文件和资料。

第三十二条（登记系统）

本市建立碳排放配额登记注册系统，对碳排放配额实行统一登记。

配额的取得、转让、变更、清缴、注销等应当依法登记，并自登记日起生效。

第三十三条（交易所）

交易所应当配备专业人员，建立健全各项规章制度，加强对交易活动的风险控制和内部监督管理，并履行下列职责：

（一）为碳排放交易提供交易场所、系统设施和交易服务；

（二）组织并监督交易、结算和交割；

（三）对会员及其客户等交易参与方进行监督管理；

（四）市发展改革部门明确的其他职责。

交易所及其工作人员应当自觉遵守相关法律、法规、规章的规定，执行交易规则的各项制度，定期向市发展改革部门报告交易情况，接受市发展改革部门的指导和监督。

第三十四条（金融支持）

鼓励银行等金融机构优先为纳入配额管理的单位提供与节能减

碳项目相关的融资支持，并探索碳排放配额担保融资等新型金融服务。

第三十五条（财政支持）

本市在节能减排专项资金中安排资金，支持本市碳排放管理相关能力建设活动。

第三十六条（政策支持）

纳入配额管理的单位开展节能改造、淘汰落后产能、开发利用可再生能源等，可以继续享受本市规定的节能减排专项资金支持政策。

本市支持纳入配额管理的单位优先申报国家节能减排相关扶持政策和预算内投资的资金支持项目。本市节能减排相关扶持政策，优先支持纳入配额管理的单位所申报的项目。

第六章　法律责任

第三十七条（未履行报告义务的处罚）

纳入配额管理的单位违反本办法第十二条的规定，虚报、瞒报或者拒绝履行报告义务的，由市发展改革部门责令限期改正；逾期未改正的，处以 1 万元以上 3 万元以下的罚款。

第三十八条（未按规定接受核查的处罚）

纳入配额管理的单位违反本办法第十三条第二款的规定，在第三方机构开展核查工作时提供虚假、不实的文件资料，或者隐瞒重要信息的，由市发展改革部门责令限期改正；逾期未改正的，处以 1 万元以上 3 万元以下的罚款；无理抗拒、阻碍第三方机构开展核查工作的，由市发展改革部门责令限期改正，处以 3 万元以上 5 万元以下的罚款。

第三十九条（未履行配额清缴义务的处罚）

纳入配额管理的单位未按照本办法第十六条的规定履行配额清

缴义务的，由市发展改革部门责令履行配额清缴义务，并可处以 5 万元以上 10 万元以下罚款。

第四十条（行政处理措施）

纳入配额管理的单位违反本办法第十二条、第十三条第二款、第十六条的规定，除适用本办法第三十七条、第三十八条、第三十九条的规定外，市发展改革部门还可以采取以下措施：

（一）将其违法行为按照有关规定，记入该单位的信用信息记录，向工商、税务、金融等部门通报有关情况，并通过政府网站或者媒体向社会公布；

（二）取消其享受当年度及下一年度本市节能减排专项资金支持政策的资格，以及 3 年内参与本市节能减排先进集体和个人评比的资格；

（三）将其违法行为告知本市相关项目审批部门，并由项目审批部门对其下一年度新建固定资产投资项目节能评估报告表或者节能评估报告书不予受理。

第四十一条（第三方机构责任）

第三方机构违反本办法第十三条第三款规定，有下列情形之一的，由市发展改革部门责令限期改正，处以 3 万元以上 10 万元以下罚款：

（一）出具虚假、不实核查报告的；

（二）核查报告存在重大错误的；

（三）未经许可擅自使用或者发布被核查单位的商业秘密和碳排放信息的。

第四十二条（交易所责任）

交易所有下列行为之一的，由市发展改革部门责令限期改正，处以 1 万元以上 5 万元以下罚款：

（一）未按照规定公布交易信息的；

（二）违反规定收取交易手续费的；

（三）未建立并执行风险管理制度的；

（四）未按照规定向市发展改革部门报送有关文件、资料的。

第四十三条（行政责任）

市发展改革部门和其他有关部门的工作人员有下列行为之一的，依法给予警告、记过或者记大过处分；情节严重的，给予降级、撤职或者开除处分；构成犯罪的，依法追究刑事责任：

（一）在配额分配、碳排放核查、碳排放量审定、第三方机构管理等工作中，徇私舞弊或者谋取不正当利益的；

（二）对发现的违法行为不依法纠正、查处的；

（三）违规泄露与碳排放交易相关的保密信息，造成严重影响的；

（四）其他未依法履行监督管理职责的情形。

第七章　附则

第四十四条（名词解释）

本办法下列用语的含义：

（一）碳排放，是指二氧化碳等温室气体的直接排放和间接排放。

直接排放，是指煤炭、天然气、石油等化石能源燃烧活动和工业生产过程等产生的温室气体排放。

间接排放，是指因使用外购的电力和热力等所导致的温室气体排放。

（二）碳排放配额是指企业等在生产经营过程中排放二氧化碳等温室气体的额度，1吨碳排放配额（简称SHEA）等于1吨二氧化碳当量（$1tCO_2$）。

（三）历史排放法，是指以纳入配额管理的单位在过去一定年度的碳排放数据为主要依据，确定其未来年度碳排放配额的方法。

基准线法，是指以纳入配额管理单位的碳排放效率基准为主要

依据，确定其未来年度碳排放配额的方法。

（四）排放设施，是指具备相对独立功能的，直接或者间接排放温室气体的生产运营系统，包括生产设备、建筑物、构筑物等。

（五）排放边界，是指《上海市温室气体排放核算与报告指南》及相关行业方法规定的温室气体排放核算范围。

（六）国家核证自愿减排量，是指根据国家发展改革部门《温室气体自愿减排交易管理暂行办法》的规定，经其备案并在国家登记系统登记的自愿减排项目减排量。

本办法所称"以上"、"以下"，包括本数。

第四十五条（实施日期）

本办法自 2013 年 11 月 20 日起施行。

附件4　深圳经济特区碳排放管理若干规定

（2012年10月30日深圳市第五届人民代表大会
常务委员会第十八次会议通过）

第一条　为了加快经济发展方式转变，优化环境资源配置，合理控制能源消费总量，推动碳排放强度的持续下降，根据法律、行政法规的基本原则和国务院《"十二五"控制温室气体排放工作方案》等有关规定，结合深圳经济特区（以下简称"特区"）实际，制定本规定。

第二条　坚持发展低碳经济，完善体制机制，发挥市场作用，实现二氧化碳等温室气体排放（以下简称"碳排放"）总量控制目标，促进经济社会可持续发展。

第三条　实行碳排放管控制度。对特区内的重点碳排放企业及其他重点碳排放单位（以下统称"碳排放管控单位"）的碳排放量实施管控，碳排放管控单位应当履行碳排放控制责任。碳排放管控单位的范围由深圳市人民政府（以下简称"市政府"）依据特区碳排放的总量控制目标和碳排放单位的碳排放量等情况另行规定。

鼓励未纳入碳排放管控范围的碳排放单位自愿加入碳排放管控体系。

第四条　建立碳排放配额管理制度。市政府碳排放权交易主管部门在碳排放总量控制的前提下，根据公开、公平、科学、合理的原则，结合产业政策、行业特点、碳排放管控单位的碳排放量等因素，确定碳排放管控单位的碳排放额度。碳排放管控单位应当在其碳排放额度范围内进行碳排放。

第五条　建立碳排放抵消制度。碳排放管控单位可以利用经市

政府碳排放权交易主管部门核查认可的碳减排量（以下统称"核证减排量"）抵消其一定比例的碳排放量。

核证减排量的来源、范围、类别以及抵消比例等由市政府另行规定。

第六条 建立碳排放权交易制度。碳排放权交易包括碳排放配额交易和核证减排量交易。碳排放管控单位在市政府规定的碳排放权交易平台进行碳排放权交易。

鼓励、支持其他单位和个人参与深圳碳排放权交易。

第七条 碳排放管控单位应当向市政府碳排放权交易主管部门提交经第三方核查机构核查的年度碳排放报告。

市政府应当建立和健全对第三方核查机构的监督管理机制。第三方核查机构的核查活动应当客观、公正。

第八条 碳排放管控单位违反本规定，超出排放额度进行碳排放的，由市政府碳排放权交易主管部门按照违规碳排放量市场均价的三倍予以处罚。

碳排放管控单位严格执行本规定，并在碳排放控制方面成效显著的，市政府应当予以表彰或者奖励。

第九条 市政府应当加强对碳排放管控工作的领导，并给予政策、资金、技术等方面的支持和保障。

市政府应当根据本规定和国家有关规定，并参照国际惯例，自本规定施行之日起六个月内，制定碳排放管理的具体办法。

第十条 本规定自通过之日起施行。

附件5 广东省碳排放管理试行办法

第一章 总 则

第一条 为实现温室气体排放控制目标，发挥市场机制作用，规范碳排放管理活动，结合本省实际，制定本办法。

第二条 在本省行政区域内的碳排放信息报告与核查，配额的发放、清缴和交易等管理活动，适用本办法。

第三条 碳排放管理应当遵循公开、公平和诚信的原则，坚持政府引导与市场运作相结合。

第四条 省发展改革部门负责全省碳排放管理的组织实施、综合协调和监督工作。

各地级以上市人民政府负责指导和支持本行政辖区内企业配合碳排放管理相关工作。

各地级以上市发展改革部门负责组织企业碳排放信息报告与核查工作。

省经济和信息化、财政、住房城乡建设、交通运输、统计、价格、质监、金融等部门按照各自职责做好碳排放管理相关工作。

第五条 鼓励开发林业碳汇等温室气体自愿减排项目，引导企业和单位采取节能降碳措施。提高公众参与意识，推动全社会低碳节能行动。

第二章 碳排放信息报告与核查

第六条 本省实行碳排放信息报告和核查制度。

年排放二氧化碳1万吨及以上的工业行业企业，年排放二氧化碳5000吨以上的宾馆、饭店、金融、商贸、公共机构等单位为控

制排放企业和单位（以下简称"控排企业和单位"）；年排放二氧化碳 5000 吨以上 1 万吨以下的工业行业企业为要求报告的企业（以下简称"报告企业"）。

交通运输领域纳入控排企业和单位的标准与范围由省发展改革部门会同交通运输等部门提出。根据碳排放管理工作进展情况，分批纳入信息报告与核查范围。

第七条 控排企业和单位、报告企业应当按规定编制上一年度碳排放信息报告，报省发展改革部门。

控排企业和单位应当委托核查机构核查碳排放信息报告，配合核查机构活动，并承担核查费用。

对企业和单位碳排放信息报告与核查报告中认定的年度碳排放量相差 10% 或者 10 万吨以上的，省发展改革部门应当进行复查。

省、地级以上市发展改革部门对企业碳排放信息报告进行抽查，所需费用列入同级财政预算。

第八条 在本省区域内承担碳排放信息核查业务的专业机构，应当具有与开展核查业务相应的资质，并在本省境内有开展业务活动的固定场所和必要设施。

从事核查专业服务的机构及其工作人员应当依法、独立、公正地开展碳排放核查业务，对所出具的核查报告的规范性、真实性和准确性负责，并依法履行保密义务，承担法律责任。

第九条 碳排放核查收费标准由省价格主管部门制定。

第三章　配额发放管理

第十条 本省实行碳排放配额（以下简称"配额"）管理制度。控排企业和单位、新建（含扩建、改建）年排放二氧化碳 1 万吨以上项目的企业（以下简称"新建项目企业"）纳入配额管理；其他排放企业和单位经省发展改革部门同意可以申请纳入配额管理。

第十一条　本省配额发放总量由省人民政府按照国家控制温室气体排放总体目标，结合本省重点行业发展规划和合理控制能源消费总量目标予以确定，并定期向社会公布。

配额发放总量由控排企业和单位的配额加上储备配额构成，储备配额包括新建项目企业配额和市场调节配额。

第十二条　省发展改革部门应当制定本省配额分配实施方案，明确配额分配的原则、方法以及流程等事项，经配额分配评审委员会评审，并报省人民政府批准后公布。

配额分配评审委员会，由省发展改革部门和省相关行业主管部门，技术、经济及低碳、能源等方面的专家，行业协会、企业代表组成，其中专家不得少于成员总数的三分之二。

第十三条　控排企业和单位的年度配额，由省发展改革部门根据行业基准水平、减排潜力和企业历史排放水平，采用基准线法、历史排放法等方法确定。

第十四条　控排企业和单位的配额实行部分免费发放和部分有偿发放，并逐步降低免费配额比例。

每年7月1日，由省发展改革部门按照控排企业和单位配额总量的一定比例，发放年度免费配额。

第十五条　控排企业和单位发生合并的，其配额及相应的权利和义务由合并后的企业享有和承担；控排企业和单位发生分立的，应当制定配额分拆方案，并及时报省、市发展改革部门备案。

第十六条　因生产品种、经营服务项目改变，设备检修或者其他原因等停产停业，生产经营状况发生重大变化的控排企业和单位，应当向省发展改革部门提交配额变更申请材料，重新核定配额。

第十七条　控排企业和单位注销、停止生产经营或者迁出本省

的，应当在完成关停或者迁出手续前 1 个月内提交碳排放信息报告和核查报告，并按要求提交配额。

第十八条 每年 6 月 20 日前，控排企业和单位应当根据上年度实际碳排放量，完成配额清缴工作，并由省发展改革部门注销。企业年度剩余配额可以在后续年度使用，也可以用于配额交易。

第十九条 控排企业和单位可以使用中国核证自愿减排量作为清缴配额，抵消本企业实际碳排放量。但用于清缴的中国核证自愿减排量，不得超过本企业上年度实际碳排放量的 10%，且其中 70% 以上应当是本省温室气体自愿减排项目产生。

控排企业和单位在其排放边界范围内产生的国家核证自愿减排量，不得用于抵消本省控排企业和单位的碳排放。

1 吨二氧化碳当量的中国核证自愿减排量可抵消 1 吨碳排放量。

第二十条 新建项目企业的配额由省发展改革部门根据地级以上市发展改革部门审核的碳排放评估结果核定。新建项目企业按照要求足额购买有偿配额后，方可获得免费配额。

第二十一条 省发展改革部门采取竞价方式，每年定期在省人民政府确定的平台发放有偿配额。竞价底价由省发展改革部门会同价格主管部门确定。

竞价发放的配额，由现有控排企业和单位、新建项目企业的有偿发放配额加上市场调节配额组成。

第二十二条 本省实行配额登记管理。配额的分配、变更、清缴、注销等应依法在配额登记系统登记，并自登记日起生效。

第四章　配额交易管理

第二十三条 本省实行配额交易制度。交易主体为控排企业和单位、新建项目企业、符合规定的其他组织和个人。

第二十四条 交易平台为省人民政府指定的碳排放交易所（以下简称"交易所"）。交易所应当履行以下职责：

（一）制定交易规则；

（二）提供交易场所、系统设施和服务，组织交易活动；

（三）建立资金结算制度，依法进行交易结算、清算以及资金监管；

（四）建立交易信息管理制度，公布交易行情、交易价格、交易量等信息，及时披露可能导致市场重大变动的相关信息；

（五）建立交易风险管理制度，对交易活动进行风险控制和监督管理；

（六）法律法规规定的其他职责。

交易规则应当报省发展改革部门、省金融主管部门审核后发布。

第二十五条 配额交易采取公开竞价、协议转让等国家法律法规、标准和规定允许的方式进行。

第二十六条 配额交易价格由交易参与方根据市场供需关系确定，任何单位和个人不得采取欺诈、恶意串通或者其他方式，操纵交易价格。

第二十七条 交易参与方应当按照规定缴纳交易手续费。交易手续费收费标准由交易所提出，报省价格主管部门核定后执行。

第二十八条 本省探索建立跨区域碳排放交易市场，鼓励其他区域企业参与本省碳排放权交易。

第五章 监督管理

第二十九条 省发展改革部门应当定期通过政府网站或者新闻媒体向社会公布控排企业和单位、报告企业履行本办法的情况。

省发展改革部门应当向社会公开核查机构名录，并加强对核查

机构及其核查工作的监督管理。

第三十条　本省建立企业碳排放信息报告与核查系统和碳排放配额交易系统。控排企业和单位、报告企业应当按照要求在相应系统中开立账户和报送有关数据。

第三十一条　控排企业和单位对年度实际碳排放量核定、配额分配等有异议的，可依法向省发展改革部门提请复核。对年度实际碳排放量核定有异议的，省发展改革委部门应当委托核查机构进行复查；对配额分配有异议的，省发展改革部门应当进行核实，并在20日内作出书面答复。

第三十二条　省发展改革部门应当建立控排企业和单位、核查机构以及交易所信用档案，及时记录、整合、发布碳排放管理和交易的相关信用信息。

第三十三条　同等条件下，支持已履行责任的企业优先申报国家支持低碳发展、节能减排、可再生能源发展、循环经济发展等领域的有关资金项目，优先享受省财政低碳发展、节能减排、循环经济发展等有关专项资金扶持。

第三十四条　鼓励金融机构探索开展碳排放交易产品的融资服务，为纳入配额管理的单位提供与节能减碳项目相关的融资支持。

第三十五条　配额有偿分配收入，实行收支两条线，纳入财政管理。

第六章　法律责任

第三十六条　违反本办法第七条规定，控排企业和单位、报告企业有下列行为之一的，由省发展改革部门责令限期改正；逾期未改正的，并处罚款：

（一）虚报、瞒报或者拒绝履行碳排放报告义务的，处1万元以上3万元以下罚款；

（二）阻碍核查机构现场核查，拒绝按规定提交相关证据的，处 1 万元以上 3 万元以下罚款；情节严重的，处 5 万元罚款。

第三十七条 违反本办法第十八条规定，未足额清缴配额的企业，由省发展改革部门责令履行清缴义务；拒不履行清缴义务的，在下一年度配额中扣除未足额清缴部分 2 倍配额，并处 5 万元罚款。

第三十八条 交易所有下列行为之一的，由省发展改革部门责令改正，并处 1 万元以上 5 万元以下罚款：

（一）未按照规定公布交易信息的；

（二）未建立并执行风险管理制度的。

第三十九条 从事核查的专业机构违反本办法第八条第二款规定，有下列情形之一的，由省发展改革部门责令限期改正，并处 3 万元以上 5 万元以下罚款：

（一）出具虚假、不实核查报告的；

（二）未经许可擅自使用或者发布被核查单位的商业秘密和碳排放信息的。

第四十条 发展改革部门、相关管理部门及其工作人员，违反本办法规定，有下列行为之一的，由其上级主管部门或者监察机关责令改正并通报批评；情节严重的，对负有责任的主管人员和其他责任人员，由任免机关或者监察机关按照管理权限给予处分；涉嫌犯罪的，移送司法机关依法追究刑事责任：

（一）在配额分配、碳排放核查、碳排放量审定、核查机构管理等工作中，谋取不正当利益的；

（二）对发现的违法行为不依法纠正、查处的；

（三）违规泄露与配额交易相关的保密信息，造成严重影响的；

（四）其他滥用职权、玩忽职守、徇私舞弊的违法行为。

第七章　附则

第四十一条　企业碳排放信息报告核查、配额分配、金融服务支持等具体规定由省发展改革、金融部门依据本办法另行制定。

第四十二条　本办法下列用语的含义：

（一）碳排放配额，是指政府分配给企业用于生产、经营的二氧化碳排放的量化指标。1 吨配额等于 1 吨二氧化碳的排放量。

（二）新建项目配额，是指发展改革部门根据新建项目碳排放评估报告核定新建项目建成后预计年度碳排放量，并据此发放的配额。

（三）市场调节配额，是指政府为应对碳排放市场波动及经济形势变化，用于调节碳市场价格，预留的部分碳排放配额，其数量为现有控排企业和单位配额总量的5%。

（四）中国核证自愿减排量，是指国家发展改革委根据《温室气体自愿减排交易管理暂行办法》备案的温室气体自愿减排项目所产生的核证减排量。

第四十三条　本办法自 2014 年 3 月 1 日起施行。

附件6　天津市碳排放权交易管理暂行办法

第一章　总则

第一条　为推进生态文明建设，转变经济发展方式，实现控制温室气体排放目标，规范碳排放权交易和相关管理活动，根据《国务院关于印发"十二五"控制温室气体排放工作方案的通知》（国发〔2011〕41号）及有关法律、法规，结合本市实际，制定本办法。

第二条　本市碳排放权交易和相关管理活动，适用本办法。

第三条　碳排放权交易应坚持市场调节和政府引导相结合，遵循公开、公正、公平和诚信的原则。

第四条　市发展改革委是本市碳排放权交易管理工作的主管部门，负责对交易主体范围的确定，配额分配与发放，碳排放监测、报告与核查及市场运行等碳排放权交易工作进行综合协调、组织实施和监督管理，并明确有关机构具体负责本市碳排放权交易的日常管理工作。

经济和信息化、建设交通、国资、金融、财政、统计、质监和证监等部门按照各自职责做好相关工作。

第二章　配额管理

第五条　本市建立碳排放总量控制制度和总量控制下的碳排放权交易制度，逐步将年度碳排放量达到一定规模的排放单位（以下称"纳入企业"）纳入配额管理。

市发展改革委根据本市碳排放总量控制目标和相关行业碳排放等情况，确定纳入企业名单，报市人民政府批准后，向社会公布。

第六条 市发展改革委会同相关部门，根据碳排放总量控制目标，综合考虑历史排放、行业技术特点、减排潜力和未来发展规划等因素确定配额总量。

第七条 市发展改革委会同相关部门根据配额总量，制定配额分配方案。

配额分配以免费发放为主、以拍卖或固定价格出售等有偿发放为辅。拍卖或固定价格出售仅在交易市场价格出现较大波动时稳定市场价格使用，具体规则由市发展改革委会同相关部门另行制定。

因有偿发放配额而获得的资金，应专款专用，专门用于控制温室气体排放相关工作。

第八条 市发展改革委通过配额登记注册系统，向纳入企业发放配额。登记注册系统是配额权属的依据。配额的发放、持有、转让、变更、注销和结转等自登记日起发生效力；未经登记，不发生效力。

第九条 纳入企业应于每年 5 月 31 日前，通过其在登记注册系统所开设的账户，注销至少与其上年度碳排放量等量的配额，履行遵约义务。

第十条 纳入企业可使用一定比例的、依据国家发展改革委《温室气体自愿减排交易管理暂行办法》（发改气候〔2012〕1668号）相关规定取得的核证自愿减排量抵消其碳排放量。抵消量不得超出其当年实际碳排放量的10%。1 单位核证自愿减排量抵消 1 吨二氧化碳排放。

第十一条 纳入企业未注销的配额可结转至下年度继续使用，直至 2016 年 5 月 31 日。2016 年 5 月 31 日后，配额的有效期根据国家相关规定确定。

第十二条 纳入企业解散、关停、迁出本市时，应注销与其所属年度实际运营期间所产生实际碳排放量相等的配额，并将该年度剩余期间的免费配额全部上缴市发展改革委。

纳入企业合并的，其配额及相应权利义务由合并后企业承继。纳入企业分立的，应当制定合理的配额和遵约义务分割方案，在规定时期内报市发展改革委，并完成配额的变更登记。未制定分割方案或未按规定完成配额变更登记的，原纳入企业的遵约义务由分立后的企业承继，其具体承继份额由市发展改革委根据企业情况确定。

第三章　碳排放监测、报告与核查

第十三条　纳入企业应于每年 11 月 30 日前将本企业下年度碳排放监测计划报市发展改革委，并严格依据监测计划实施监测。

碳排放监测计划应明确排放源、监测方法、监测频次及相关责任人等内容。

碳排放实际监测内容发生重大变更的，应及时向市发展改革委报告。

第十四条　本市实施二氧化碳重点排放源报告制度。年度碳排放达到一定规模的企业（以下称"报告企业"）应于每年第一季度编制本企业上年度的碳排放报告，并于 4 月 30 日前报市发展改革委。报告企业应当对所报数据和信息的真实性、完整性和规范性负责。报告企业排放规模标准由市发展改革委会同相关部门制定。

纳入企业于每年 4 月 30 日前将碳排放报告连同核查报告以书面形式一并提交市发展改革委。

第十五条　本市建立碳排放核查制度。第三方核查机构有权要求纳入企业提供相关资料、接受现场核查并配合其他核查工作，对纳入企业的年度排放情况进行核查并出具核查报告。

纳入企业不得连续三年选择同一家第三方核查机构和相同的核查人员进行核查。

第十六条 市发展改革委应加强对第三方核查机构的监督管理，并向社会公布第三方核查机构名录。

第十七条 市发展改革委依据第三方核查机构出具的核查报告，结合纳入企业提交的年度碳排放报告，审定纳入企业的年度碳排放量，并将审定结果通知纳入企业，该结果作为市发展改革委认定纳入企业年度碳排放量的最终结论。

存在下列情形之一的，市发展改革委有权对纳入企业碳排放量进行核实或复查：

（一）碳排放报告与核查报告中的碳排放量差额超过 10% 或 10 万吨的；

（二）本年度碳排放量与上年度碳排放量差额超过 20% 的；

（三）其他需要进行核实或复查的情形。

第四章　碳排放权交易

第十八条 本市建立碳排放权交易制度。配额和核证自愿减排量等碳排放权交易品种应在市人民政府指定的交易机构内，依据相关规定进行交易。交易机构的交易系统应及时记录交易情况，通过登记注册系统进行交割。

第十九条 纳入企业及国内外机构、企业、社会团体、其他组织和个人，依据本办法可参与碳排放权交易或从事碳排放权交易相关业务。

第二十条 天津排放权交易所为本市指定交易机构。

交易机构应规范交易活动，培育公开、公平、公正的市场环境，接受市发展改革委和相关部门的监管。

交易机构依照市物价管理部门制定的收费标准，收取交易手续费。

第二十一条 交易机构应制定本市碳排放权交易规则和其他有

关规则，报市发展改革委和相关部门审核批准后实施。

第二十二条　本市碳排放权交易采用符合法律、法规和国家及我市规定的方式进行。

第二十三条　交易机构应建立信息披露制度，公布碳排放权交易即时行情，并按交易日制作市场行情表，予以公布。未经交易机构同意，任何机构、企业和个人不得发布交易即时行情。

第二十四条　交易机构对碳排放权交易实行实时监控，按照市发展改革委要求，报告异常交易情况。

根据需要，交易机构可限制出现重大异常交易情况账户的交易，并报市发展改革委。

第五章　监管与激励

第二十五条　市发展改革委和相关部门对碳排放权交易的下列事项实施监督管理：

（一）纳入企业的碳排放监测、报告、交易及遵约等活动；

（二）第三方核查机构的核查活动；

（三）交易机构开展碳排放权交易及信息发布等活动；

（四）市场参与主体的其他相关业务活动；

（五）法律、法规及市人民政府规定的其他事项。

第二十六条　履行本办法第二十五条规定时，可以采取下列措施：

（一）对纳入企业、交易机构、第三方核查机构等进行现场检查；

（二）询问与调查事件有关的单位和个人；

（三）查阅、复制与调查事件有关的单位和个人的配额交易记录、财务会计资料以及其他相关文件和资料；

（四）法律、法规及市人民政府规定的其他措施。

第二十七条　本市建立碳排放权交易市场价格调控机制，具体操作办法由市发展改革委另行制定。交易价格出现重大波动时，市发展改革委可启动调控机制，通过向市场投放或回购配额等方式，稳定交易价格，维护市场正常运行。

第二十八条　市发展改革委应公布举报电话和电子邮箱，接受公众监督。任何单位和个人有权对碳排放权交易中的违法违规行为进行投诉或举报。市发展改革委应如实登记并按有关规定进行处理。

第二十九条　市发展改革委会同相关部门建立纳入企业和第三方核查机构信用档案，委托第三方机构定期进行信用评级，将评定结果向财政、税务、金融、质监等有关部门通报，并向社会公布。

第三十条　本市鼓励银行及其他金融机构同等条件下优先为信用评级较高的纳入企业提供融资服务，并适时推出以配额作为质押标的的融资方式。

第三十一条　市和区县有关部门应支持信用评级较高的纳入企业同等条件下优先申报国家循环经济、节能减排相关扶持政策和预算内投资所支持的项目。本市循环经济、节能减排相关扶持政策同等条件下优先考虑信用评级较高的纳入企业。

第六章　法律责任

第三十二条　纳入企业未按规定履行碳排放监测、报告、核查及遵约义务的，由市发展改革委责令限期改正，并在 3 年内不得享受本办法第三十条和第三十一条规定的政策。

第三十三条　交易主体违规操纵交易价格、扰乱市场秩序的，由市发展改革委责令限期改正；给其他交易主体造成经济损失的，依法承担赔偿责任；构成犯罪的，依法承担刑事责任。

第三十四条　第三方核查机构及其工作人员出具虚假核查报

告、违反有关规定使用或发布纳入企业商业秘密的，由市发展改革委责令限期改正；给纳入企业造成经济损失的，依法承担赔偿责任；构成犯罪的，依法承担刑事责任。

第三十五条　交易机构及其工作人员违反法律法规规章及本办法规定的，由市发展改革委责令限期改正；给交易主体造成经济损失的，依法承担赔偿责任；构成犯罪的，依法承担刑事责任。

第三十六条　相关行政管理部门工作人员有失职、渎职或其他违法行为，依照国家有关规定给予处分；给他人造成经济损失的，依法承担赔偿责任；构成犯罪的，依法承担刑事责任。

第三十七条　相关行政管理部门及其工作人员、第三方核查机构及其工作人员、交易机构及其工作人员对其知悉的纳入企业及其他交易主体的商业秘密负有保密义务。

第七章　附则

第三十八条　本办法所称碳排放权，是指企业在生产经营过程中直接和间接排放二氧化碳的权益。直接排放是指燃烧化石燃料或生产过程中产生的二氧化碳排放。间接排放是指使用外购电、热、冷或蒸汽所产生的二氧化碳排放。

第三十九条　本办法所称碳排放权配额是市发展改革委分配给纳入企业指定时期内的碳排放额度，是碳排放权的凭证和载体。1单位配额相当于 1 吨二氧化碳排放权。

第四十条　本办法自发布之日起施行，2016 年 5 月 31 日废止。

附件7 湖北省碳排放权管理和交易暂行办法

第一章 总则

第一条 为了加强碳排放权交易市场建设，规范碳排放权管理活动，有效控制温室气体排放，推进资源节约、环境友好型社会建设，根据有关法律、法规和国家规定，结合本省实际，制定本办法。

第二条 本办法适用于本省行政区域内碳排放权管理及其交易活动。

第三条 本省实行碳排放总量控制下的碳排放权交易。碳排放权管理及其交易遵循公开、公平、公正和诚信原则。

第四条 省发展和改革委员会是本省碳排放权管理的主管部门（以下简称"主管部门"），负责碳排放总量控制、配额管理、交易、碳排放报告与核查等工作的综合协调、组织实施和监督管理。

经济和信息化、财政、国资、统计、物价、质监、金融等有关部门在其职权范围内履行相关职责。

第五条 依照国家和省有关规定，对本省行政区域内年综合能源消费量6万吨标准煤及以上的工业企业，实行碳排放配额管理。

纳入碳排放配额管理的企业应当依照本办法的规定履行碳排放控制义务、参与碳排放权交易。

第六条 碳排放权交易机构由省政府确定。

第七条 第三方核查机构是对企业碳排放量进行核对、审查的法人机构，由主管部门实行备案管理。

第八条 主管部门建立碳排放权注册登记系统，用于管理碳排放配额的发放、持有、变更、缴还、注销和中国核证自愿减排量

（CCER）的录入，并定期发布相关信息。

第九条 从事碳排放权管理及其交易活动的部门、机构和人员，对碳排放权交易主体的商业和技术秘密负有保密义务。

第十条 县级以上人民政府应当加强对碳减排工作的领导。主管部门应当广泛开展对碳排放权管理的宣传培训和教育引导，认真听取并采纳企业对碳排放权管理和交易的合理意见、建议，定期评估碳排放权管理工作。

第二章　碳排放配额分配和管理

第十一条 在碳排放约束性目标范围内，主管部门根据本省经济增长和产业结构优化等因素设定年度碳排放配额总量、制定碳排放配额分配方案，并报省政府审定。

碳排放配额总量包括企业年度碳排放初始配额、企业新增预留配额和政府预留配额。

第十二条 主管部门在设定年度碳排放配额总量、起草碳排放配额分配方案过程中，应当广泛听取有关机关、企业、专家及社会公众的意见。听取意见可以采取论证会、听证会等多种形式。

第十三条 每年6月份最后一个工作日前，主管部门根据企业历史排放水平等因素核定企业年度碳排放初始配额，通过注册登记系统予以发放。

第十四条 企业新增预留配额主要用于企业新增产能和产量变化。

第十五条 政府预留配额一般不超过碳排放配额总量的10%，主要用于市场调控和价格发现。其中，用于价格发现的不超过政府预留配额的30%。

价格发现采用公开竞价的方式，竞价收益用于支持企业碳减排、碳市场调控、碳交易市场建设等。

第十六条 企业年度碳排放初始配额和企业新增预留配额实行无偿分配，具体分配办法另行制定。

第十七条 企业因增减设施，合并、分立及产量变化等因素导致碳排放量与年度碳排放初始配额相差 20% 以上或者 20 万吨二氧化碳以上的，应当向主管部门报告。主管部门应当对其碳排放配额进行重新核定。

第十八条 同时符合以下条件的中国核证自愿减排量（CCER）可用于抵消企业碳排放量：

（一）在本省行政区域内产生；

（二）在纳入碳排放配额管理的企业组织边界范围外产生。

用于缴还时，抵消比例不超过该企业年度碳排放初始配额的 10%，一吨中国核证自愿减排量相当于一吨碳排放配额。

第十九条 每年 5 月份最后一个工作日前，企业应当向主管部门缴还与上一年度实际排放量相等数量的配额和（或者）中国核证自愿减排量（CCER）。

第二十条 每年 6 月份最后一个工作日，主管部门在注册登记系统将企业缴还的配额、中国核证自愿减排量（CCER）、未经交易的剩余配额以及预留的剩余配额予以注销。

第二十一条 每年 7 月份最后一个工作日，主管部门应当公布企业配额缴还信息。

第二十二条 企业对碳排放配额分配、抵消或者注销有异议的，有权向主管部门申请复查，主管部门应当在 20 个工作日内予以回复。

第三章　碳排放权交易

第二十三条 碳排放权交易主体包括纳入碳排放配额管理的企业、自愿参与碳排放权交易活动的法人机构、其他组织和个人。

第二十四条 碳排放权交易市场的交易品种包括碳排放配额和中国核证自愿减排量（CCER）。

鼓励探索创新碳排放权交易相关产品。

第二十五条 碳排放权交易应当在指定的交易机构通过公开竞价等市场方式进行交易。

第二十六条 交易机构应当制定交易规则，明确交易参与方的权利义务、交易程序、交易方式、信息披露及争议处理等事项。

第二十七条 交易机构应当建立交易系统。交易参与方应当向交易机构提交申请，建立交易账户，遵守交易规则。

第二十八条 交易参与方开展交易活动应当缴纳交易手续费，收费标准由省物价部门核定。

第二十九条 主管部门会同有关部门建立碳排放权交易市场风险监管机制，避免交易价格异常波动和发生系统性市场风险。

第三十条 禁止通过操纵供求和发布虚假信息等方式扰乱碳排放权交易市场秩序。

第三十一条 主管部门组织开展跨区域碳排放权交易规则、标准、方法学的研究，探索建立跨区域碳排放权交易市场。

第四章 碳排放监测、报告与核查

第三十二条 纳入碳排放配额管理的企业应当制定下一年度碳排放监测计划，明确监测方式、频次、责任人等，并在每年9月份最后一个工作日前提交主管部门。

企业应当严格依据监测计划实施监测。监测计划发生变更的，应当及时向主管部门报告。

第三十三条 每年2月份最后一个工作日前，纳入碳排放配额管理的企业应当向主管部门提交上一年度的碳排放报告，并对报告的真实性和完整性负责。

第三十四条　主管部门委托第三方核查机构对纳入碳排放配额管理的企业的碳排放量进行核查。

第三十五条　第三方核查机构应当独立、客观、公正地对企业的碳排放年度报告进行核查，在每年4月份最后一个工作日前向主管部门提交核查报告，并对报告的真实性和完整性负责。

第三十六条　第三方核查机构应当具备以下条件：

（一）具有独立法人资格和固定经营场所；

（二）具有至少8名核查专业技术人员；

（三）具有近3年从事温室气体排放核查相关业务的工作经历。

第三十七条　纳入碳排放配额管理的企业应当配合第三方核查机构核查，如实提供有关数据和资料。

第三十八条　主管部门对第三方核查机构提交的核查报告采取抽查等方式进行审查，并将审查结果告知被抽查企业。

第三十九条　纳入碳排放配额管理的企业对审查结果有异议的，可以在收到审查结果后的5个工作日内向主管部门提出复查申请并提供相关证明材料。

主管部门应当在20个工作日内对复查申请进行核实，并作出复查结论。

第五章　激励和约束机制

第四十条　省政府设立碳排放专项资金，用于支持企业碳减排、碳市场调控、碳交易市场建设等。

第四十一条　主管部门应当优先支持碳减排企业申报国家、省节能减排相关项目和政策扶持。

第四十二条　鼓励金融机构为纳入碳排放配额管理的企业搭建投融资平台，提供绿色金融服务，支持企业开展碳减排技术研发和创新，探索碳排放权抵押、质押等金融产品，实现银企互利共赢。

第四十三条 建立碳排放黑名单制度。主管部门将未履行配额缴还义务的企业纳入本省相关信用记录，通过政府网站及新闻媒体向社会公布。

第四十四条 未履行配额缴还义务的企业是国有企业的，主管部门应当将其通报所属国资监管机构。

国资监管机构应当将碳减排及本办法执行情况纳入国有企业绩效考核评价体系。

第四十五条 未履行配额缴还义务的企业，各级发展改革部门不得受理其申报的有关国家和省节能减排项目。

第六章 法律责任

第四十六条 企业违反本办法第十九条规定的，由主管部门按照当年度碳排放配额市场均价，对差额部分处以 1 倍以上 3 倍以下，但最高不超过 15 万元的罚款，并在下一年度配额分配中予以双倍扣除。

第四十七条 企业违反本办法第三十二条和第三十三条规定的，主管部门予以警告、限期履行报告义务，可以处 1 万元以上 3 万元以下的罚款。

第四十八条 企业违反本办法第三十七条规定，导致无法进行有效核查的，主管部门予以警告、限期接受核查。逾期未接受核查的，对其下一年度的配额按上一年度的配额减半核定。

第四十九条 碳排放权交易主体、交易机构违反本办法第三十条规定的，主管部门予以警告。有违法所得的，没收违法所得，并处违法所得 1 倍以上 3 倍以下，但最高不超过 15 万元的罚款；没有违法所得的，处以 1 万元以上 5 万元以下的罚款。

第五十条 第三方核查机构违反本办法第三十五条规定的，主

管部门予以警告。有违法所得的，没收违法所得，并处以违法所得1 倍以上 3 倍以下，但最高不超过 15 万元的罚款；没有违法所得的，处以 1 万元以上 5 万元以下的罚款。

第五十一条　主管部门、有关行政机关及其工作人员，在碳排放权管理过程中玩忽职守、滥用职权、徇私舞弊的，依法给予行政处分；构成犯罪的，依法追究刑事责任。

第七章　附则

第五十二条　本办法所称碳排放是指化石燃料燃烧、工业生产过程等产生的二氧化碳排放。

所称碳排放权是指在满足碳排放总量控制的前提下，企业在生产经营过程中直接或者间接向大气排放二氧化碳的权利。

所称碳排放权交易是指碳排放权交易主体在指定交易机构，对依据碳排放权取得的碳排放配额和中国核证自愿减排量（CCER）进行的公开买卖活动。

第五十三条　中国核证自愿减排量是指依据《温室气体自愿减排交易管理暂行办法》所取得的项目减排量，单位以"吨二氧化碳当量"（tCO_2e）计。

第五十四条　本办法所称价格发现，是指主管部门在交易初始阶段向市场投放一定数量的碳排放配额，形成初始交易价格，目的是为市场各方提供价格预期。

第五十五条　本办法所称组织边界，是指企业拥有股权或者控制权的生产业务范围。

第五十六条　本办法自 2014 年 6 月 1 日起施行。

附件8　重庆市碳排放权交易管理暂行办法

第一章　总则

第一条　为规范本市碳排放权交易管理，促进碳排放权交易市场有序发展，推动运用市场机制实现控制温室气体排放目标，根据国务院《"十二五"控制温室气体排放工作方案》和有关法律、法规，结合工作实际，制定本办法。

第二条　本市行政区域内碳排放权交易和相关管理活动，适用本办法。

第三条　碳排放权交易坚持政府引导与市场运作相结合，遵循公开、公平、公正和诚信的原则。

第四条　市发展改革委作为全市应对气候变化工作的主管部门（以下简称"主管部门"），负责碳排放权的监督管理和交易工作的组织实施及综合协调。

市金融办作为全市交易场所的监督管理部门（以下简称"监管部门"），负责碳排放权交易的日常监管、统计监测及牵头处置风险等工作。

市财政局、市经济信息委、市城乡建委、市国资委、市质监局、市物价局等部门和单位按照各自职责做好碳排放权交易相关管理工作。

第二章　碳排放配额管理

第五条　本市实行碳排放配额（以下简称"配额"）管理制度。对年碳排放量达到规定规模的排放单位（以下简称"配额管理单位"）实行配额管理，鼓励其他排放单位自愿纳入配额管理。

纳入配额管理的行业范围和排放单位的碳排放规模标准，由主管部门会同相关部门确定和调整，报市政府批准。配额管理单位的名单由主管部门公布。

配额管理单位可以依照本办法通过配额交易或者其他合法方式取得收益，履行碳排放报告、接受核查和配额清缴等义务。

第六条　本市建立碳排放权交易登记簿（以下简称"登记簿"），对配额实行统一登记。

配额的取得、转让、变更、注销和结转等应当登记，并自登记日起生效。

登记簿由主管部门或者委托相关单位管理。

第七条　本市实行配额总量控制制度。配额总量控制目标在国家和本市确定的节能和控制温室气体排放约束性指标框架下，根据企业历史排放水平和产业减排潜力等因素确定。

第八条　主管部门应当会同相关部门制定本市碳排放配额管理细则，根据配额总量控制目标、企业历史排放水平、先期减排行动等因素明确配额分配的原则、方法及流程等事项。

配额管理细则制定过程中，应当听取市政府有关部门、配额管理单位、有关专家及社会组织的意见。

主管部门在年度配额总量控制目标下，结合配额管理单位碳排放申报量和历史排放情况，拟定年度配额分配方案，通过登记簿向配额管理单位发放配额。

第九条　因交易等原因发生配额转移的，应当通过登记簿予以变更。

第十条　配额管理单位应当在规定时间内通过登记簿提交与主管部门审定的年度碳排放量（以下简称"审定排放量"）相当的配额，履行清缴义务。

配额管理单位用于清缴的配额在登记簿予以注销。

配额管理单位的配额不足以履行清缴义务的，可以购买配额用于清缴；配额有结余的，可以在后续年度使用或者用于交易。

第十一条 配额管理单位发生排放设施转移或者关停等情形的，由主管部门组织审定其碳排放量后，无偿收回分配的剩余配额。

第十二条 配额管理单位的审定排放量超过年度所获配额的，可以使用国家核证自愿减排量（CCER）履行配额清缴义务，1吨国家核证自愿减排量相当于1吨配额。

国家核证自愿减排量的使用数量不得超过审定排放量的一定比例，且产生国家核证自愿减排量的减排项目应当符合相关要求。

国家核证自愿减排量的使用比例和对减排项目的要求由主管部门另行规定。

第十三条 鼓励配额管理单位使用林业碳汇项目等产生的经国家备案并登记的减排量，按照本办法第十二条的规定履行配额清缴义务。

第三章 碳排放核算、报告和核查

第十四条 配额管理单位应当加强能源和碳排放管理能力建设，自行或者委托有技术实力和从业经验的机构核算年度碳排放量。

第十五条 配额管理单位应当在规定时间内向主管部门报送书面的年度碳排放报告，同步通过电子报告系统提交。

配额管理单位对碳排放报告的完整性、真实性和准确性负责。

第十六条 主管部门在收到碳排放报告后5个工作日内委托第三方核查机构（以下简称"核查机构"）进行核查，核查机构应当在主管部门规定时间内出具书面核查报告。

在核查过程中，配额管理单位应当配合核查机构开展工作，如

实提供有关文件和资料。核查机构及其工作人员应当遵守国家和本市相关规定，独立、客观、公正地开展核查工作。

核查机构应当对核查报告的规范性、真实性和准确性负责，并对配额管理单位的商业秘密和碳排放数据保密。

第十七条 主管部门应当建立向社会公开的核查机构名录，并加强对核查机构的监督管理。

第十八条 主管部门根据核查报告审定配额管理单位年度碳排放量，并及时通知各配额管理单位。

核查机构核定的碳排放量与配额管理单位报告的碳排放量相差超过10%或者超过1万吨的，配额管理单位可以向主管部门提出复查申请，主管部门委托其他核查机构对核查报告进行复查后，最终审定年度碳排放量。

第四章　碳排放权交易

第十九条 本市建立碳排放权交易制度。碳排放权交易平台设在重庆联合产权交易所集团股份有限公司（以下简称"交易所"）。交易所主要履行下列职责：

（一）为碳排放权交易提供交易场所、交易设施、资金结算、信息发布等服务；

（二）组织并监督交易行为、资金结算等；

（三）监管部门明确的其他职责。

交易所应当根据本办法制定本市碳排放交易细则，明确交易参与人的条件和权利义务、交易程序、交易信息管理、交易行为监管、异常情况处理、纠纷处理、交易费用等内容。

第二十条 交易品种为配额、国家核证自愿减排量及其他依法批准的交易产品，基准单元以"吨二氧化碳当量（tCO_2e）"计，交易价格以"元/吨二氧化碳当量（tCO_2e）"计。

第二十一条　配额管理单位、其他符合条件的市场主体及自然人可以参与本市碳排放权交易，但是国家和本市有禁止性规定的除外。

第二十二条　符合条件的市场主体和自然人参与本市碳排放权交易活动，应当在交易所开设交易账户，取得交易主体资格。

第二十三条　配额管理单位获得的年度配额可以进行交易，但卖出的配额数量不得超过其所获年度配额的50%，通过交易获得的配额和储存的配额不受此限。

第二十四条　本市碳排放权交易采用公开竞价、协议转让及其他符合国家和本市有关规定的方式进行。

第二十五条　交易所对碳排放权交易资金实行统一结算，交易资金通过交易所指定结算银行开设的专用账户办理。

碳排放权交易应当通过登记簿，实现交易产品交割。

第二十六条　交易所应当建立信息公开制度，公布交易行情、成交量、成交金额等交易信息，并及时披露可能对市场行情造成重大影响的信息。

第二十七条　交易所应当加强碳排放权交易风险管理，建立涨跌幅限制、风险警示、违规违约处理、交易争议处理等风险管理制度。

第二十八条　交易所对交易行为实行实时监控，并及时向监管部门和主管部门报告异常交易情况。

交易所可以对出现重大异常交易情况的交易主体行使有关监管职权和采取必要的处理措施，并报监管部门和主管部门备案。

第二十九条　发生不可抗力、意外事件或技术故障等异常情况，交易所可以采取暂时停止交易等紧急措施，并及时向监管部门和主管部门报告。

异常情况消除后，交易所应当及时恢复交易。

第三十条　交易所应当加强碳排放权交易内部管理，建立信息安全管理、交易系统维护、网络安全管理、资产及财务管理等内控制度，制定应急处理措施。

第三十一条　交易主体开展碳排放权交易，应当缴纳交易手续费等相关费用，收费标准由市价格主管部门核定。

第三十二条　鼓励银行等金融机构优先为配额管理单位提供与节能减碳相关的融资支持，探索配额担保融资等新型金融服务。

第五章　监督管理

第三十三条　主管部门应当会同相关部门建立对配额管理单位、核查机构、交易所、其他交易主体等的监管机制，按职责履行监管责任。

第三十四条　主管部门应当对配额管理单位的碳排放报告、接受核查和履行配额清缴义务等活动，核查机构的核查行为，交易产品交割，以及其他与碳排放权交易有关的活动加强监督管理。

监管部门应当对交易所的交易组织、资金结算等活动，交易主体的交易行为，以及其他与碳排放权交易有关的活动加强监督管理。

第三十五条　主管部门实施监督管理可以采取下列措施：

（一）对配额管理单位、核查机构、交易所、其他交易主体进行现场检查并取证；

（二）询问当事人和与被调查事件有关的单位和个人，要求其对被调查事件有关情况进行说明；

（三）查阅、复制当事人和与被调查事件有关的单位和个人的交易记录、财务会计资料以及其他相关资料；

（四）查询当事人和与被调查事件有关的单位和个人的登记簿账户、交易账户和资金账户；

（五）主管部门依法可以采取的其他措施。

第三十六条 配额管理单位未按照规定报送碳排放报告、拒绝接受核查和履行配额清缴义务的，由主管部门责令限期改正；逾期未改正的，可以采取下列措施：

（一）公开通报其违规行为；

（二）3 年内不得享受节能环保及应对气候变化等方面的财政补助资金；

（三）3 年内不得参与各级政府及有关部门组织的节能环保及应对气候变化等方面的评先评优活动；

（四）配额管理单位属本市国有企业的，将其违规行为纳入国有企业领导班子绩效考核评价体系。

第三十七条 核查机构未按规定开展核查工作的，由主管部门责令改正；情节严重的，公布其违法违规信息。给配额管理单位造成经济损失的，依法承担赔偿责任；涉嫌犯罪的，移送司法机关依法处理。

第三十八条 交易所在碳排放权交易活动中有违法违规行为的，由主管部门责令限期改正；给交易主体造成经济损失的，依法承担赔偿责任；涉嫌犯罪的，移送司法机关依法处理。

第三十九条 主管部门和其他有关部门的工作人员有违法违规行为的，依法给予处分；造成经济损失的，依法承担赔偿责任；涉嫌犯罪的，移送司法机关依法处理。

第六章 附则

第四十条 本办法下列用语的含义：

（一）碳排放，是指二氧化碳、甲烷、氧化亚氮、氢氟碳化物、全氟化碳、六氟化硫 6 类温室气体的排放，计量单位为"吨二氧化碳当量（tCO_2e）"。

（二）碳排放权，是指依法取得向大气直接或者间接排放温室气体的权利，量化为碳排放配额，1 吨配额相当于 1 吨二氧化碳当量排放量。

（三）碳排放权交易，是指符合条件的市场主体通过交易机构对配额等产品进行公开买卖的行为。

（四）国家核证自愿减排量，是指根据《温室气体自愿减排交易管理暂行办法》有关规定，经国家发展改革委备案并登记的项目减排量，单位以"吨二氧化碳当量（tCO_2e）"计。

第四十一条　本办法所称"内"含本数、"超过"不含本数。

第四十二条　国家对碳排放权交易另有规定的，从其规定。

第四十三条　本办法自公布之日起施行。

权威报告　热点资讯　海量资源

当代中国与世界发展的高端智库平台

皮书数据库　www.pishu.com.cn

　　皮书数据库是专业的人文社会科学综合学术资源总库，以大型连续性图书——皮书系列为基础，整合国内外相关资讯构建而成。该数据库包含七大子库，涵盖两百多个主题，囊括了近十几年间中国与世界经济社会发展报告，覆盖经济、社会、政治、文化、教育、国际问题等多个领域。

　　皮书数据库以篇章为基本单位，方便用户对皮书内容的阅读需求。用户可进行全文检索，也可对文献题目、内容提要、作者名称、作者单位、关键字等基本信息进行检索，还可对检索到的篇章再作二次筛选，进行在线阅读或下载阅读。智能多维度导航，可使用户根据自己熟知的分类标准进行分类导航筛选，使查找和检索更高效、便捷。

　　权威的研究报告、独特的调研数据、前沿的热点资讯，皮书数据库已发展成为国内最具影响力的关于中国与世界现实问题研究的成果库和资讯库。

皮书俱乐部会员服务指南

1. 谁能成为皮书俱乐部成员？

- 皮书作者自动成为俱乐部会员
- 购买了皮书产品（纸质皮书、电子书）的个人用户

2. 会员可以享受的增值服务

- 加入皮书俱乐部，免费获赠该纸质图书的电子书
- 免费获赠皮书数据库100元充值卡
- 免费定期获赠皮书电子期刊
- 优先参与各类皮书学术活动
- 优先享受皮书产品的最新优惠

社会科学文献出版社　皮书系列
SOCIAL SCIENCES ACADEMIC PRESS (CHINA)

卡号：237119419638

密码：

3. 如何享受增值服务？

（1）加入皮书俱乐部，获赠该书的电子书

　　第1步 登录我社官网（www.ssap.com.cn），注册账号；

　　第2步 登录并进入"会员中心"—"皮书俱乐部"，提交加入皮书俱乐部申请；

　　第3步 审核通过后，自动进入俱乐部服务环节，填写相关购书信息即可自动兑换相应电子书。

（2）免费获赠皮书数据库100元充值卡

　　100元充值卡只能在皮书数据库中充值和使用

　　第1步 刮开附赠充值的涂层（左下）；

　　第2步 登录皮书数据库网站（www.pishu.com.cn），注册账号；

　　第3步 登录并进入"会员中心"—"在线充值"—"充值卡充值"，充值成功后即可使用。

4. 声明

　　解释权归社会科学文献出版社所有

法律声明

  "皮书系列"（含蓝皮书、绿皮书、黄皮书）由社会科学文献出版社最早使用并对外推广，现已成为中国图书市场上流行的品牌，是社会科学文献出版社的品牌图书。社会科学文献出版社拥有该系列图书的专有出版权和网络传播权，其 LOGO（ ） 与"经济蓝皮书"、"社会蓝皮书"等皮书名称已在中华人民共和国工商行政管理总局商标局登记注册，社会科学文献出版社合法拥有其商标专用权。

  未经社会科学文献出版社的授权和许可，任何复制、模仿或以其他方式侵害"皮书系列"和 LOGO（ ）、"经济蓝皮书"、"社会蓝皮书"等皮书名称商标专用权的行为均属于侵权行为，社会科学文献出版社将采取法律手段追究其法律责任，维护合法权益。

  欢迎社会各界人士对侵犯社会科学文献出版社上述权利的违法行为进行举报。电话：010 - 59367121，电子邮箱：fawubu@ ssap. cn。

社会科学文献出版社

权威·前沿·原创

社会科学文献出版社

皮书系列

2014年

盘点年度资讯 预测时代前程

社会科学文献出版社 学术传播中心 编制

我们是图书出版者，更是人文社会科学内容资源供应商；

我们背靠中国社会科学院，面向中国与世界人文社会科学界，坚持为人文社会科学的繁荣与发展服务；

我们精心打造权威信息资源整合平台，坚持为中国经济与社会的繁荣与发展提供决策咨询服务；

我们以读者定位自身，立志让爱书人读到好书，让求知者获得知识；

我们精心编辑、设计每一本好书以形成品牌张力，以优秀的品牌形象服务读者，开拓市场；

我们始终坚持"创社科经典，出传世文献"的经营理念，坚持"权威、前沿、原创"的产品特色；

我们"以人为本"，提倡阳光下创业，员工与企业共享发展之成果；

我们立足于现实，认真对待我们的优势、劣势，我们更着眼于未来，以不断的学习与创新适应不断变化的世界，以不断的努力提升自己的实力；

我们愿与社会各界友好合作，共享人文社会科学发展之成果，共同推动中国学术出版乃至内容产业的繁荣与发展。

社会科学文献出版社社长
中国社会学会秘书长

2014 年 1 月

"皮书"起源于十七、十八世纪的英国，主要指官方或社会组织正式发表的重要文件或报告，多以"白皮书"命名。在中国，"皮书"这一概念被社会广泛接受，并被成功运作、发展成为一种全新的出版形态，则源于中国社会科学院社会科学文献出版社。

皮书是对中国与世界发展状况和热点问题进行年度监测，以专家和学术的视角，针对某一领域或区域现状与发展态势展开分析和预测，具备权威性、前沿性、原创性、实证性、时效性等特点的连续性公开出版物，由一系列权威研究报告组成。皮书系列是社会科学文献出版社编辑出版的蓝皮书、绿皮书、黄皮书等的统称。

皮书系列的作者以中国社会科学院、著名高校、地方社会科学院的研究人员为主，多为国内一流研究机构的权威专家学者，他们的看法和观点代表了学界对中国与世界的现实和未来最高水平的解读与分析。

自 20 世纪 90 年代末推出以经济蓝皮书为开端的皮书系列以来，至今已出版皮书近1000 余部，内容涵盖经济、社会、政法、文化传媒、行业、地方发展、国际形势等领域。皮书系列已成为社会科学文献出版社的著名图书品牌和中国社会科学院的知名学术品牌。

皮书系列在数字出版和国际出版方面成就斐然。皮书数据库被评为"2008~2009 年度数字出版知名品牌"；经济蓝皮书、社会蓝皮书等十几种皮书每年还由国外知名学术出版机构出版英文版、俄文版、韩文版和日文版，面向全球发行。

2011 年，皮书系列正式列入"十二五"国家重点出版规划项目，一年一度的皮书年会升格由中国社会科学院主办；2012 年，部分重点皮书列入中国社会科学院承担的国家哲学社会科学创新工程项目。

经 济 类

经济类皮书涵盖宏观经济、城市经济、大区域经济，
提供权威、前沿的分析与预测

经济蓝皮书

2014 年中国经济形势分析与预测

李　扬／主编　　2013 年 12 月出版　　定价 :69.00 元

◆　本书课题为"总理基金项目"，由著名经济学家李扬领衔，
联合数十家科研机构、国家部委和高等院校的专家共同撰写，
对 2013 年中国宏观及微观经济形势，特别是全球金融危机及
其对中国经济的影响进行了深入分析，并且提出了 2014 年经
济走势的预测。

世界经济黄皮书

2014 年世界经济形势分析与预测

王洛林　张宇燕／主编　　2014 年 1 月出版　　定价 :69.00 元

◆　2013 年的世界经济仍旧行进在坎坷复苏的道路上。发达
经济体经济复苏继续巩固，美国和日本经济进入低速增长通
道，欧元区结束衰退并呈复苏迹象。本书展望 2014 年世界经济，
预计全球经济增长仍将维持在中低速的水平上。

工业化蓝皮书

中国工业化进程报告（2014）

黄群慧 吕　铁 李晓华 等／著　　2014 年 11 月出版　　估价 :89.00 元

◆　中国的工业化是事关中华民族复兴的伟大事业，分析跟踪
研究中国的工业化进程，无疑具有重大意义。科学评价与客
观认识我国的工业化水平，对于我国明确自身发展中的优势
和不足，对于经济结构的升级与转型，对于制定经济发展政策，
从而提升我国的现代化水平具有重要作用。

金融蓝皮书

中国金融发展报告（2014）

李 扬　王国刚／主编　2013 年 12 月出版　　定价 :65.00 元

◆ 由中国社会科学院金融研究所组织编写的《中国金融发展报告（2014）》，概括和分析了 2013 年中国金融发展和运行中的各方面情况，研讨和评论了 2013 年发生的主要金融事件。本书由业内专家和青年精英联合编著，有利于读者了解掌握 2013 年中国的金融状况，把握 2014 年中国金融的走势。

城市竞争力蓝皮书

中国城市竞争力报告 No.12

倪鹏飞／主编　　2014 年 5 月出版　　定价 :89.00 元

◆ 本书由中国社会科学院城市与竞争力研究中心主任倪鹏飞主持编写，汇集了众多研究城市经济问题的专家学者关于城市竞争力研究的最新成果。本报告构建了一套科学的城市竞争力评价指标体系，采用第一手数据材料，对国内重点城市年度竞争力格局变化进行客观分析和综合比较、排名，对研究城市经济及城市竞争力极具参考价值。

中国省域竞争力蓝皮书

"十二五"中期中国省域经济综合竞争力发展报告

李建平　李闽榕　高燕京／主编　　2014 年 3 月出版　定价 :198.00 元

◆ 本书充分运用数理分析、空间分析、规范分析与实证分析相结合、定性分析与定量分析相结合的方法，建立起比较科学完善、符合中国国情的省域经济综合竞争力指标评价体系及数学模型，对 2011~2012 年中国内地 31 个省、市、区的经济综合竞争力进行全面、深入、科学的总体评价与比较分析。

农村经济绿皮书

中国农村经济形势分析与预测 (2013~2014)

中国社会科学院农村发展研究所　国家统计局农村社会经济调查司／著

2014 年 4 月出版　　定价 :69.00 元

◆ 本书对 2013 年中国农业和农村经济运行情况进行了系统的分析和评价，对 2014 年中国农业和农村经济发展趋势进行了预测，并提出相应的政策建议，专题部分将围绕某个重大的理论和现实问题进行多维、深入、细致的分析和探讨。

西部蓝皮书

中国西部发展报告（2014）

姚慧琴　徐璋勇 / 主编　　2014 年 7 月出版　　定价 :89.00 元

◆　本书由西北大学中国西部经济发展研究中心主编，汇集了源自西部本土以及国内研究西部问题的权威专家的第一手资料，对国家实施西部大开发战略进行年度动态跟踪，并对 2014 年西部经济、社会发展态势进行预测和展望。

气候变化绿皮书

应对气候变化报告（2014）

王伟光　郑国光 / 主编　　2014 年 11 月出版　　估价 :79.00 元

◆　本书由社科院城环所和国家气候中心共同组织编写，各篇报告的作者长期从事气候变化科学问题、社会经济影响，以及国际气候制度等领域的研究工作，密切跟踪国际谈判的进程，参与国家应对气候变化相关政策的咨询，有丰富的理论与实践经验。

就业蓝皮书

2014 年中国大学生就业报告

麦可思研究院 / 编著　王伯庆　周凌波 / 主审
2014 年 6 月出版　　定价 :98.00 元

◆　本书是迄今为止关于中国应届大学毕业生就业、大学毕业生中期职业发展及高等教育人口流动情况的视野最为宽广、资料最为翔实、分类最为精细的实证调查和定量研究；为我国教育主管部门的教育决策提供了极有价值的参考。

企业社会责任蓝皮书

中国企业社会责任研究报告（2014）

黄群慧　彭华岗　钟宏武　张　蒽 / 编著
2014 年 11 月出版　　估价 :69.00 元

◆　本书系中国社会科学院经济学部企业社会责任研究中心组织编写的《企业社会责任蓝皮书》2014 年分册。该书在对企业社会责任进行宏观总体研究的基础上，根据 2013 年企业社会责任及相关背景进行了创新研究，在全国企业中观层面对企业健全社会责任管理体系提供了弥足珍贵的丰富信息。

社 会 政 法 类

社会政法类皮书聚焦社会发展领域的热点、难点问题，
提供权威、原创的资讯与视点

社会蓝皮书

2014年中国社会形势分析与预测

李培林　陈光金　张　翼／主编　2013年12月出版　定价：69.00元

◆　本报告是中国社会科学院"社会形势分析与预测"课题组2014年度分析报告，由中国社会科学院社会学研究所组织研究机构专家、高校学者和政府研究人员撰写。对2013年中国社会发展的各个方面内容进行了权威解读，同时对2014年社会形势发展趋势进行了预测。

法治蓝皮书

中国法治发展报告No.12（2014）

李　林　田　禾／主编　　2014年2月出版　　定价：98.00元

◆　本年度法治蓝皮书一如既往秉承关注中国法治发展进程中的焦点问题的特点，回顾总结了2013年度中国法治发展取得的成就和存在的不足，并对2014年中国法治发展形势进行了预测和展望。

民间组织蓝皮书

中国民间组织报告（2014）

黄晓勇／主编　　2014年11月出版　　估价：69.00元

◆　本报告是中国社会科学院"民间组织与公共治理研究"课题组推出的第五本民间组织蓝皮书。基于国家权威统计数据、实地调研和广泛搜集的资料，本报告对2013年以来我国民间组织的发展现状、热点专题、改革趋势等问题进行了深入研究，并提出了相应的政策建议。

社会保障绿皮书

中国社会保障发展报告（2014）No.6

王延中 / 主编　2014 年 9 月出版　　定价 :79.00 元

◆　社会保障是调节收入分配的重要工具，随着社会保障制度的不断建立健全、社会保障覆盖面的不断扩大和社会保障资金的不断增加，社会保障在调节收入分配中的重要性不断提高。本书全面评述了 2013 年以来社会保障制度各个主要领域的发展情况。

环境绿皮书

中国环境发展报告（2014）

刘鉴强 / 主编　　2014 年 5 月出版　　定价 :79.00 元

◆　本书由民间环保组织"自然之友"组织编写，由特别关注、生态保护、宜居城市、可持续消费以及政策与治理等版块构成，以公共利益的视角记录、审视和思考中国环境状况，呈现 2013 年中国环境与可持续发展领域的全局态势，用深刻的思考、科学的数据分析 2013 年的环境热点事件。

教育蓝皮书

中国教育发展报告（2014）

杨东平 / 主编　2014 年 5 月出版　定价 :79.00 元

◆　本书站在教育前沿，突出教育中的问题，特别是对当前教育改革中出现的教育公平、高校教育结构调整、义务教育均衡发展等问题进行了深入分析，从教育的内在发展谈教育，又从外部条件来谈教育，具有重要的现实意义，对我国的教育体制的改革与发展具有一定的学术价值和参考意义。

反腐倡廉蓝皮书

中国反腐倡廉建设报告 No.3

李秋芳 / 主编　2014 年 1 月出版　　定价 :79.00 元

◆　本书抓住了若干社会热点和焦点问题，全面反映了新时期新阶段中国反腐倡廉面对的严峻局面，以及中国共产党反腐倡廉建设的新实践新成果。根据实地调研、问卷调查和舆情分析，梳理了当下社会普遍关注的与反腐败密切相关的热点问题。

行业报告类

行业报告类皮书立足重点行业、新兴行业领域，
提供及时、前瞻的数据与信息

房地产蓝皮书

中国房地产发展报告 No.11（2014）

魏后凯　李景国/主编　2014年5月出版　　定价：79.00元

◆　本书由中国社会科学院城市发展与环境研究所组织编写，秉承客观公正、科学中立的原则，深度解析2013年中国房地产发展的形势和存在的主要矛盾，并预测2014年及未来10年或更长时间的房地产发展大势。观点精辟，数据翔实，对关注房地产市场的各阶层人士极具参考价值。

旅游绿皮书

2013~2014年中国旅游发展分析与预测

宋瑞/主编　2013年12月出版　　定价：79.00元

◆　如何从全球的视野理性审视中国旅游，如何在世界旅游版图上客观定位中国，如何积极有效地推进中国旅游的世界化，如何制定中国实现世界旅游强国梦想的线路图？本年度开始，《旅游绿皮书》将围绕"世界与中国"这一主题进行系列研究，以期为推进中国旅游的长远发展提供科学参考和智力支持。

信息化蓝皮书

中国信息化形势分析与预测（2014）

周宏仁/主编　2014年8月出版　　定价：98.00元

◆　本书在以中国信息化发展的分析和预测为重点的同时，反映了过去一年间中国信息化关注的重点和热点，视野宽阔，观点新颖，内容丰富，数据翔实，对中国信息化的发展有很强的指导性，可读性很强。

企业蓝皮书

中国企业竞争力报告（2014）

金 碚 / 主编　　2014 年 11 月出版　　估价 :89.00 元

◆　中国经济正处于新一轮的经济波动中，如何保持稳健的经营心态和经营方式并进一步求发展，对于企业保持并提升核心竞争力至关重要。本书利用上市公司的财务数据，研究上市公司竞争力变化的最新趋势，探索进一步提升中国企业国际竞争力的有效途径，这无论对实践工作者还是理论研究者都具有重大意义。

食品药品蓝皮书

食品药品安全与监管政策研究报告（2014）

唐民皓 / 主编　　2014 年 11 月出版　　估价 :69.00 元

◆　食品药品安全是当下社会关注的焦点问题之一，如何破解食品药品安全监管重点难点问题是需要以社会合力才能解决的系统工程。本书围绕安全热点问题、监管重点问题和政策焦点问题，注重于对食品药品公共政策和行政监管体制的探索和研究。

流通蓝皮书

中国商业发展报告（2013~2014）

荆林波 / 主编　　2014 年 5 月出版　　定价 :89.00 元

◆　《中国商业发展报告》是中国社会科学院财经战略研究院与香港利丰研究中心合作的成果，并且在 2010 年开始以中英文版同步在全球发行。蓝皮书从关注中国宏观经济出发，突出中国流通业的宏观背景反映了本年度中国流通业发展的状况。

住房绿皮书

中国住房发展报告（2013~2014）

倪鹏飞 / 主编　　2013 年 12 月出版　　定价 :79.00 元

◆　本报告从宏观背景、市场主体、市场体系、公共政策和年度主题五个方面，对中国住宅市场体系做了全面系统的分析、预测与评价，并给出了相关政策建议，并在评述 2012~2013 年住房及相关市场走势的基础上，预测了 2013~2014 年住房及相关市场的发展变化。

国别与地区类

国别与地区类皮书关注全球重点国家与地区，
提供全面、独特的解读与研究

亚太蓝皮书

亚太地区发展报告（2014）

李向阳 / 主编　　2014 年 1 月出版　　定价：59.00 元

◆　本书是由中国社会科学院亚太与全球战略研究院精心打造的又一品牌皮书，关注时下亚太地区局势发展动向里隐藏的中长趋势，剖析亚太地区政治与安全格局下的区域形势最新动向以及地区关系发展的热点问题，并对 2014 年亚太地区重大动态作出前瞻性的分析与预测。

日本蓝皮书

日本研究报告（2014）

李　薇 / 主编　　2014 年 3 月出版　　定价：69.00 元

◆　本书由中华日本学会、中国社会科学院日本研究所合作推出，是以中国社会科学院日本研究所的研究人员为主完成的研究成果。对 2013 年日本的政治、外交、经济、社会文化作了回顾、分析与展望，并收录了该年度日本大事记。

欧洲蓝皮书

欧洲发展报告（2013~2014）

周　弘 / 主编　　2014 年 6 月出版　　定价：89.00 元

◆　本年度的欧洲发展报告，对欧洲经济、政治、社会、外交等方面的形势进行了跟踪介绍与分析。力求反映作为一个整体的欧盟及 30 多个欧洲国家在 2013 年出现的各种变化。

拉美黄皮书

拉丁美洲和加勒比发展报告（2013~2014）

吴白乙 / 主编　2014 年 4 月出版　定价 :89.00 元

◆　本书是中国社会科学院拉丁美洲研究所的第 13 份关于拉丁美洲和加勒比地区发展形势状况的年度报告。本书对 2013 年拉丁美洲和加勒比地区诸国的政治、经济、社会、外交等方面的发展情况做了系统介绍，对该地区相关国家的热点及焦点问题进行了总结和分析，并在此基础上对该地区各国 2014 年的发展前景做出预测。

澳门蓝皮书

澳门经济社会发展报告（2013~2014）

吴志良　郝雨凡 / 主编　2014 年 4 月出版　定价 :79.00 元

◆　本书集中反映 2013 年本澳各个领域的发展动态，总结评价近年澳门政治、经济、社会的总体变化，同时对 2014 年社会经济情况作初步预测。

日本经济蓝皮书

日本经济与中日经贸关系研究报告（2014）

王洛林　张季风 / 主编　2014 年 5 月出版　定价 :79.00 元

◆　本书对当前日本经济以及中日经济合作的发展动态进行了多角度、全景式的深度分析。本报告回顾并展望了 2013~2014 年度日本宏观经济的运行状况。此外，本报告还收录了大量来自于日本政府权威机构的数据图表，具有极高的参考价值。

美国蓝皮书

美国研究报告（2014）

黄平　倪峰 / 主编　2014 年 7 月出版　定价 :89.00 元

◆　本书是由中国社会科学院美国所主持完成的研究成果，它回顾了美国 2013 年的经济、政治形势与外交战略，对 2013 年以来美国内政外交发生的重大事件以及重要政策进行了较为全面的回顾和梳理。

地方发展类

地方发展类皮书关注大陆各省份、经济区域，
提供科学、多元的预判与咨政信息

社会建设蓝皮书

2014年北京社会建设分析报告

宋贵伦 冯 虹 / 主编 2014 年 7 月出版 定价 : 79.00 元

◆ 本书依据社会学理论框架和分析方法，对北京市的人口、
就业、分配、社会阶层以及城乡关系等社会学基本问题进行
了广泛调研与分析，对广受社会关注的住房、教育、医疗、
养老、交通等社会热点问题做出了深刻的了解与剖析，对日
益显现的征地搬迁、外籍人口管理、群体性心理障碍等内容
进行了有益探讨。

温州蓝皮书

2014年温州经济社会形势分析与预测

潘忠强 王春光 金 浩 / 主编 2014 年 4 月出版 定价 : 69.00 元

◆ 本书是由中共温州市委党校与中国社会科学院社会学研
究所合作推出的第七本"温州经济社会形势分析与预测"年
度报告，深入全面分析了 2013 年温州经济、社会、政治、文
化发展的主要特点、经验、成效与不足，提出了相应的政策
建议。

上海蓝皮书

上海资源环境发展报告（2014）

周冯琦 汤庆合 任文伟 / 著 2014 年 1 月出版 定价 : 69.00 元

◆ 本书在上海所面临资源环境风险的来源、程度、成因、
对策等方面作了些有益的探索，希望能对有关部门完善上海
的资源环境风险防控工作提供一些有价值的参考，也让普通
民众更全面地了解上海资源环境风险及其防控的图景。

广州蓝皮书

2014 年中国广州社会形势分析与预测

张 强　陈怡霓　杨 秦 / 主编　2014 年 5 月出版　定价:69.00 元

◆　本书由广州大学与广州市委宣传部、广州市人力资源和社会保障局联合主编,汇集了广州科研团体、高等院校和政府部门诸多社会问题研究专家、学者和实际部门工作者的最新研究成果,是关于广州社会运行情况和相关专题分析与预测的重要参考资料。

河南经济蓝皮书

2014 年河南经济形势分析与预测

胡五岳 / 主编　2014 年 3 月出版　定价:69.00 元

◆　本书由河南省统计局主持编纂。该分析与展望以 2013 年最新年度统计数据为基础,科学研判河南经济发展的脉络轨迹、分析年度运行态势;以客观翔实、权威资料为特征,突出科学性、前瞻性和可操作性,服务于科学决策和科学发展。

陕西蓝皮书

陕西社会发展报告（2014）

任宗哲　石 英　牛 昉 / 主编　2014 年 2 月出版　定价:65.00 元

◆　本书系统而全面地描述了陕西省 2013 年社会发展各个领域所取得的成就、存在的问题、面临的挑战及其应对思路,为更好地思考 2014 年陕西发展前景、政策指向和工作策略等方面提供了一个较为简洁清晰的参考蓝本。

上海蓝皮书

上海经济发展报告（2014）

沈开艳 / 主编　2014 年 1 月出版　定价:69.00 元

◆　本书系上海社会科学院系列之一,报告对 2014 年上海经济增长与发展趋势的进行了预测,把握了上海经济发展的脉搏和学术研究的前沿。

广州蓝皮书

广州经济发展报告（2014）

李江涛　朱名宏／主编　　2014年5月出版　　定价：69.00元

◆　本书是由广州市社会科学院主持编写的"广州蓝皮书"系列之一，本报告对广州2013年宏观经济运行情况作了深入分析，对2014年宏观经济走势进行了合理预测，并在此基础上提出了相应的政策建议。

文 化 传 媒 类

 文化传媒类皮书透视文化领域、文化产业，
探索文化大繁荣、大发展的路径

新媒体蓝皮书

中国新媒体发展报告 No.4(2013)

唐绪军／主编　　2014年6月出版　　　定价：79.00元

◆　本书由中国社会科学院新闻与传播研究所和上海大学合作编写，在构建新媒体发展研究基本框架的基础上，全面梳理2013年中国新媒体发展现状，发表最前沿的网络媒体深度调查数据和研究成果，并对新媒体发展的未来趋势做出预测。

舆情蓝皮书

中国社会舆情与危机管理报告（2014）

谢耘耕／主编　　2014年8月出版　　　定价：98.00元

◆　本书由上海交通大学舆情研究实验室和危机管理研究中心主编，已被列入教育部人文社会科学研究报告培育项目。本书以新媒体环境下的中国社会为立足点，对2013年中国社会舆情、分类舆情等进行了深入系统的研究，并预测了2014年社会舆情走势。

经济类

产业蓝皮书
中国产业竞争力报告（2014）No.4
著(编)者:张其仔　2014年11月出版 / 估价:79.00元

长三角蓝皮书
2014年率先基本实现现代化的长三角
著(编)者:刘志彪　2014年11月出版 / 估价:120.00元

城市竞争力蓝皮书
中国城市竞争力报告No.12
著(编)者:倪鹏飞　2014年5月出版 / 定价:89.00元

城市蓝皮书
中国城市发展报告No.7
著(编)者:潘家华 魏后凯　2014年9月出版 / 估价:69.00元

城市群蓝皮书
中国城市群发展指数报告(2014)
著(编)者:刘士林 刘新静　2014年10月出版 / 估价:59.00元

城乡统筹蓝皮书
中国城乡统筹发展报告（2014）
著(编)者:程志强、潘晨光　2014年9月出版 / 估价:59.00元

城乡一体化蓝皮书
中国城乡一体化发展报告（2014）
著(编)者:汝信 付崇兰　2014年11月出版 / 估价:59.00元

城镇化蓝皮书
中国新型城镇化健康发展报告（2014）
著(编)者:张占斌　2014年5月出版 / 定价:79.00元

低碳发展蓝皮书
中国低碳发展报告（2014）
著(编)者:齐晔　2014年3月出版 / 定价:89.00元

低碳经济蓝皮书
中国低碳经济发展报告（2014）
著(编)者:薛进军 赵忠秀　2014年5月出版 / 定价:69.00元

东北蓝皮书
中国东北地区发展报告（2014）
著(编)者:马克 黄文艺　2014年8月出版 / 定价:79.00元

发展和改革蓝皮书
中国经济发展和体制改革报告No.7
著(编)者:邹东涛　2014年11月出版 / 估价:79.00元

工业化蓝皮书
中国工业化进程报告（2014）
著(编)者: 黄群慧 吕铁 李晓华 等
2014年11月出版 / 估价:89.00元

工业设计蓝皮书
中国工业设计发展报告（2014）
著(编)者: 王晓红 于炜 张立群
2014年9月出版 / 估价:98.00元

国际城市蓝皮书
国际城市发展报告（2014）
著(编)者:屠启宇　2014年1月出版 / 定价:69.00元

国家创新蓝皮书
国家创新发展报告（2014）
著(编)者:陈劲　2014年9月出版 / 定价:59.00元

宏观经济蓝皮书
中国经济增长报告（2014）
著(编)者:张平 刘霞辉　2014年10月出版 / 估价:69.00元

金融蓝皮书
中国金融发展报告（2014）
著(编)者:李扬 王国刚　2013年12月出版 / 定价:65.00元

经济蓝皮书
2014年中国经济形势分析与预测
著(编)者:李扬　2013年12月出版 / 定价:69.00元

经济蓝皮书春季号
2014年中国经济前景分析
著(编)者:李扬　2014年5月出版 / 定价:79.00元

经济蓝皮书夏季号
中国经济增长报告（2013~2014）
著(编)者:李扬　2014年7月出版 / 定价:69.00元

经济信息绿皮书
中国与世界经济发展报告（2014）
著(编)者:杜平　2013年12月出版 / 定价:79.00元

就业蓝皮书
2014年中国大学生就业报告
著(编)者:麦可思研究院　2014年6月出版 / 定价:98.00元

流通蓝皮书
中国商业发展报告（2013~2014）
著(编)者:荆林波　2014年5月出版 / 定价:89.00元

民营经济蓝皮书
中国民营经济发展报告No.10（2013～2014）
著(编)者:黄孟复　2014年9月出版 / 估价:69.00元

民营企业蓝皮书
中国民营企业竞争力报告No.7（2014）
著(编)者:刘迎秋　2014年9月出版 / 估价:79.00元

农村绿皮书
中国农村经济形势分析与预测（2013~2014）
著(编)者:中国社会科学院农村发展研究所
　　　　　国家统计局农村社会经济调查司 著
2014年4月出版 / 定价:69.00元

农业应对气候变化蓝皮书
气候变化对中国农业影响评估报告No.1
著(编)者:矫梅燕　2014年8月出版 / 定价:98.00元

企业公民蓝皮书
中国企业公民报告No.4
著(编)者:邹东涛　2014年11月出版 / 估价:69.00元

企业社会责任蓝皮书
中国企业社会责任研究报告（2014）
著(编)者:黄群慧 彭华岗 钟宏武 等
2014年11月出版 / 估价:59.00元

气候变化绿皮书
应对气候变化报告（2014）
著(编)者:王伟光 郑国光　2014年11月出版 / 估价:79.00元

区域蓝皮书
中国区域经济发展报告（2013~2014）
著(编)者:梁昊光　2014年4月出版 / 定价:79.00元

人口与劳动绿皮书
中国人口与劳动问题报告No.15
著(编)者:蔡昉　2014年11月出版 / 估价:69.00元

生态经济（建设）绿皮书
中国经济（建设）发展报告（2013~2014）
著(编)者:黄浩涛 李周　2014年10月出版 / 估价:69.00元

世界经济黄皮书
2014年世界经济形势分析与预测
著(编)者:王洛林 张宇燕　2014年1月出版 / 定价:69.00元

西北蓝皮书
中国西北发展报告（2014）
著(编)者:张进海 陈冬红 段庆林
2013年12月出版 / 定价:69.00元

西部蓝皮书
中国西部发展报告（2014）
著(编)者:姚慧琴 徐璋勇　2014年7月出版 / 定价:89.00元

新型城镇化蓝皮书
新型城镇化发展报告（2014）
著(编)者:沈体雁 李伟 宋敏　2014年9月出版 / 估价:69.00元

新兴经济体蓝皮书
金砖国家发展报告（2014）
著(编)者:林跃勤 周文　2014年7月出版 / 定价:79.00元

循环经济绿皮书
中国循环经济发展报告（2013~2014）
著(编)者:齐建国　2014年12月出版 / 估价:69.00元

中部竞争力蓝皮书
中国中部经济社会竞争力报告（2014）
著(编)者:教育部人文社会科学重点研究基地
　　　　南昌大学中国中部经济社会发展研究中心
2014年11月出版 / 估价:59.00元

中部蓝皮书
中国中部地区发展报告（2014）
著(编)者:朱有志　2014年10月出版 / 估价:59.00元

中国省域竞争力蓝皮书
"十二五"中期中国省域经济综合竞争力发展报告
著(编)者:李建平 李闽榕 高燕京　2014年3月出版 / 定价:198.0

中三角蓝皮书
长江中游城市群发展报告（2013~2014）
著(编)者:秦尊文　2014年11月出版 / 估价:69.00元

中小城市绿皮书
中国中小城市发展报告（2014）
著(编)者:中国城市经济学会中小城市经济发展委员会
　　　　《中国中小城市发展报告》编纂委员会
2014年10月出版 / 估价:98.00元

中原蓝皮书
中原经济区发展报告（2014）
著(编)者:李英杰　2014年6月出版 / 定价:88.00元

社会政法类

殡葬绿皮书
中国殡葬事业发展报告（2014）
著(编)者:朱勇 副主编 李伯森 2014年9月出版 / 估价:59.00元

城市创新蓝皮书
中国城市创新报告（2014）
著(编)者:周天勇 旷建伟　2014年8月出版 / 定价:69.00元

城市管理蓝皮书
中国城市管理报告2014
著(编)者:谭维克 刘林　2014年11月出版 / 估价:98.00元

城市生活质量蓝皮书
中国城市生活质量指数报告（2014）
著(编)者:张平　2014年11月出版 / 估价:59.00元

城市政府能力蓝皮书
中国城市政府公共服务能力评估报告（2014）
著(编)者:何艳玲　2014年11月出版 / 估价:59.00元

创新蓝皮书
创新型国家建设报告（2013~2014）
著(编)者:詹正茂　2014年5月出版 / 定价:69.00元

慈善蓝皮书
中国慈善发展报告（2014）
著(编)者:杨团　2014年5月出版 / 定价:79.00元

法治蓝皮书
中国法治发展报告No.12（2014）
著(编)者:李林 田禾　2014年2月出版 / 定价:98.00元

反腐倡廉蓝皮书
中国反腐倡廉建设报告No.3
著(编)者:李秋芳　2014年1月出版 / 定价:79.00元

非传统安全蓝皮书
中国非传统安全研究报告（2013~2014）
著(编)者:余潇枫 魏志江　2014年6月出版 / 定价:79.00元

妇女发展蓝皮书
福建省妇女发展报告（2014）
著(编)者:刘群英　2014年10月出版 / 估价:58.00元

妇女发展蓝皮书
中国妇女发展报告No.5
著(编)者:王金玲　2014年9月出版 / 定价:148.00元

妇女教育蓝皮书
中国妇女教育发展报告No.3
著(编)者:张李玺　2014年10月出版 / 估价:69.00元

公共服务满意度蓝皮书
中国城市公共服务评价报告（2014）
著(编)者:胡伟　2014年11月出版 / 估价:69.00元

公共服务蓝皮书
中国城市基本公共服务力评价（2014）
著(编)者:侯惠勤 辛向阳 易定宏
2014年10月出版 / 估价:55.00元

公民科学素质蓝皮书
中国公民科学素质报告（2013~2014）
著(编)者:李群 许佳军　2014年3月出版 / 定价:79.00元

公益蓝皮书
中国公益发展报告（2014）
著(编)者:朱健刚　2014年11月出版 / 估价:78.00元

管理蓝皮书
中国管理发展报告（2014）
著(编)者:张晓东　2014年9月出版 / 估价:79.00元

国际人才蓝皮书
中国国际移民报告（2014）
著(编)者:王辉耀　2014年1月出版 / 定价:79.00元

国际人才蓝皮书
中国海归创业发展报告（2014）No.2
著(编)者:王辉耀 路江涌　2014年10月出版 / 估价:69.00元

国际人才蓝皮书
中国留学发展报告（2014）No.3
著(编)者:王辉耀　2014年9月出版 / 估价:59.00元

国际人才蓝皮书
海外华侨华人专业人士报告（2014）
著(编)者:王辉耀 苗绿　2014年8月出版 / 定价:69.00元

国家安全蓝皮书
中国国家安全研究报告（2014）
著(编)者:刘慧　2014年5月出版 / 定价:98.00元

行政改革蓝皮书
中国行政体制改革报告（2013）No.3
著(编)者:魏礼群　2014年3月出版 / 定价:89.00元

华侨华人蓝皮书
华侨华人研究报告（2014）
著(编)者:丘进　2014年11月出版 / 估价:128.00元

环境竞争力绿皮书
中国省域环境竞争力发展报告（2014）
著(编)者:李建平 李闽榕 王金南
2014年12月出版 / 估价:148.00元

环境绿皮书
中国环境发展报告（2014）
著(编)者:刘鉴强　2014年5月出版 / 定价:79.00元

基金会蓝皮书
中国基金会发展报告（2013）
著(编)者:刘忠祥　2014年6月出版 / 定价:69.00元

基本公共服务蓝皮书
中国省级政府基本公共服务发展报告（2014）
著(编)者:孙德超　2014年3月出版 / 估价:69.00元

基金会透明度蓝皮书
中国基金会透明度发展研究报告（2014）
著(编)者:基金会中心网 清华大学廉政与治理研究中心
2014年9月出版 / 定价:78.00元

教师蓝皮书
中国中小学教师发展报告（2014）
著(编)者:曾晓东　2014年11月出版 / 估价:59.00元

教育蓝皮书
中国教育发展报告（2014）
著(编)者:杨东平　2014年5月出版 / 定价:79.00元

科普蓝皮书
中国科普基础设施发展报告（2014）
著(编)者:任福君　2014年6月出版 / 估价:79.00元

劳动保障蓝皮书
中国劳动保障发展报告（2014）
著(编)者:刘燕斌　2014年9月出版 / 估价:89.00元

老龄蓝皮书
中国老龄事业发展报告（2014）
著(编)者:吴玉韶　2014年9月出版 / 估价:59.00元

连片特困区蓝皮书
中国连片特困区发展报告（2014）
著(编)者:丁建军 冷志明 游俊　2014年9月出版 / 估价:79.00元

民间组织蓝皮书
中国民间组织报告（2014）
著(编)者:黄晓勇　2014年11月出版 / 估价:69.00元

民调蓝皮书
中国民生调查报告（2014）
著(编)者:谢耕耘　2014年5月出版 / 定价:128.00元

民族发展蓝皮书
中国民族区域自治发展报告（2014）
著(编)者:郝时远　2014年11月出版 / 估价:98.00元

女性生活蓝皮书
中国女性生活状况报告No.8（2014）
著(编)者:韩湘景　2014年4月出版 / 定价:79.00元

汽车社会蓝皮书
中国汽车社会发展报告（2014）
著(编)者:王俊秀　2014年9月出版 / 估价:59.00元

青年蓝皮书
中国青年发展报告（2014）No.2
著(编)者:廉思　2014年4月出版 / 定价:59.00元

全球环境竞争力绿皮书
全球环境竞争力发展报告（2014）
著(编)者:李建平　李闽榕　王金南　2014年11月出版 / 估价:69.00元

青少年蓝皮书
中国未成年人新媒体运用报告（2014）
著(编)者:李文革　沈杰　季为民　2014年11月出版 / 估价:69.00元

区域人才蓝皮书
中国区域人才竞争力报告No.2
著(编)者:桂昭明　王辉耀　2014年11月出版 / 估价:69.00元

人才蓝皮书
中国人才发展报告（2014）
著(编)者:黄晓勇　潘晨光　2014年8月出版 / 定价:85.00元

人权蓝皮书
中国人权事业发展报告No.4（2014）
著(编)者:李君如　2014年8月出版 / 定价:99.00元

世界人才蓝皮书
全球人才发展报告No.1
著(编)者:孙学玉　张冠梓　2014年11月出版 / 估价:69.00元

社会保障绿皮书
中国社会保障发展报告（2014）No.6
著(编)者:王延中　2014年6月出版 / 定价:79.00元

社会工作蓝皮书
中国社会工作发展报告（2013~2014）
著(编)者:王杰秀　邹文开　2014年11月出版 / 估价:59.00元

社会管理蓝皮书
中国社会管理创新报告No.3
著(编)者:连玉明　2014年11月出版 / 估价:79.00元

社会蓝皮书
2014年中国社会形势分析与预测
著(编)者:李培林　陈光金　张翼　2013年12月出版 / 定价:69.00元

社会体制蓝皮书
中国社会体制改革报告No.2（2014）
著(编)者:龚维斌　2014年4月出版 / 定价:79.00元

社会心态蓝皮书
2014年中国社会心态研究报告
著(编)者:王俊秀　杨宜音　2014年9月出版 / 估价:59.00元

生态城市绿皮书
中国生态城市建设发展报告（2014）
著(编)者:刘科举　孙伟平　胡文臻　2014年6月出版 / 定价:98.0□

生态文明绿皮书
中国省域生态文明建设评价报告（ECI 2014）
著(编)者:严耕　2014年9月出版 / 估价:98.00元

世界创新竞争力黄皮书
世界创新竞争力发展报告（2014）
著(编)者:李建平　李闽榕　赵新力　2014年11月出版 / 估价:128.0□

水与发展蓝皮书
中国水风险评估报告（2014）
著(编)者:苏杨　2014年11月出版 / 定价:69.00元

土地整治蓝皮书
中国土地整治发展报告No.1
著(编)者:国土资源部土地整治中心　2014年5月出版 / 定价:8□

危机管理蓝皮书
中国危机管理报告（2014）
著(编)者:文学国　范正青　2014年11月出版 / 估价:79.00元

形象危机应对蓝皮书
形象危机应对研究报告（2013~2014）
著(编)者:唐钧　2014年6月出版 / 定价:149.00元

行政改革蓝皮书
中国行政体制改革报告（2013）No.3
著(编)者:魏礼群　2014年3月出版 / 定价:89.00元

医疗卫生绿皮书
中国医疗卫生发展报告No.6（2013~2014）
著(编)者:申宝忠　韩玉珍　2014年4月出版 / 定价:75.00元

政治参与蓝皮书
中国政治参与报告（2014）
著(编)者:房宁　2014年7月出版 / 定价:105.00元

政治发展蓝皮书
中国政治发展报告（2014）
著(编)者:房宁　杨海蛟　2014年5月出版 / 定价:88.00元

宗教蓝皮书
中国宗教报告（2014）
著(编)者:金泽　邱永辉　2014年11月出版 / 估价:59.00元

社会组织蓝皮书
中国社会组织评估报告（2014）
著(编)者:徐家良　2014年9月出版 / 估价:69.00元

政府绩效评估蓝皮书
中国地方政府绩效评估报告（2014）
著(编)者:贠杰　2014年9月出版 / 估价:69.00元

行业报告类

保健蓝皮书
中国保健服务产业发展报告No.2
著(编)者:中国保健协会 中共中央党校
2014年11月出版 / 估价:198.00元

保健蓝皮书
中国保健食品产业发展报告No.2
著(编)者:中国保健协会
　　　　中国社会科学院食品药品产业发展与监管研究中心
2014年11月出版 / 估价:198.00元

保健蓝皮书
中国保健用品产业发展报告No.2
著(编)者:中国保健协会 2014年9月出版 / 估价:198.00元

保险蓝皮书
中国保险业竞争力报告(2014)
著(编)者:罗忠敏 2014年9月出版 / 估价:98.00元

餐饮产业蓝皮书
中国餐饮产业发展报告(2014)
著(编)者:邢影 2014年6月出版 / 定价:69.00元

测绘地理信息蓝皮书
中国地理信息产业发展报告(2014)
著(编)者:徐德明 2014年12月出版 / 估价:98.00元

茶业蓝皮书
中国茶产业发展报告(2014)
著(编)者:杨江帆 李闽榕 2014年9月出版 / 估价:79.00元

产权市场蓝皮书
中国产权市场发展报告(2014)
著(编)者:曹和平 2014年9月出版 / 估价:69.00元

产业安全蓝皮书
中国烟草产业安全报告(2014)
著(编)者:李孟刚 杜秀亭 2014年1月出版 / 定价:69.00元

产业安全蓝皮书
中国出版与传媒安全报告(2014)
著(编)者:北京交通大学中国产业安全研究中心
2014年9月出版 / 估价:59.00元

产业安全蓝皮书
中国医疗产业安全报告(2013~2014)
著(编)者:李孟刚 高献书 2014年1月出版 / 定价:59.00元

产业安全蓝皮书
中国文化产业安全蓝皮书(2014)
著(编)者:北京印刷学院文化产业安全研究院
2014年4月出版 / 定价:69.00元

产业安全蓝皮书
中国出版传媒产业安全报告(2014)
著(编)者:北京印刷学院文化产业安全研究院
2014年4月出版 / 定价:89.00元

典当业蓝皮书
中国典当行业发展报告(2013~2014)
著(编)者:黄育华 王力 张红地
2014年10月出版 / 估价:69.00元

电子商务蓝皮书
中国城市电子商务影响力报告(2014)
著(编)者:荆林波 2014年11月出版 / 估价:69.00元

电子政务蓝皮书
中国电子政务发展报告(2014)
著(编)者:洪毅 王长胜 2014年9月出版 / 估价:59.00元

杜仲产业绿皮书
中国杜仲橡胶资源与产业发展报告(2014)
著(编)者:杜红岩 胡文臻 俞瑞
2014年9月出版 / 估价:99.00元

房地产蓝皮书
中国房地产发展报告No.11(2014)
著(编)者:魏后凯 李景国 2014年5月出版 / 定价:79.00元

服务外包蓝皮书
中国服务外包产业发展报告(2014)
著(编)者:王晓红 刘德军 2014年6月出版 / 定价:89.00元

高端消费蓝皮书
中国高端消费市场研究报告
著(编)者:依绍华 王雪峰 2014年9月出版 / 估价:69.00元

会展蓝皮书
中外会展业动态评估年度报告(2014)
著(编)者:张敏 2014年11月出版 / 估价:68.00元

互联网金融蓝皮书
中国互联网金融发展报告(2014)
著(编)者:芮晓武 刘烈宏 2014年8月出版 / 定价:79.00元

基金会绿皮书
中国基金会发展独立研究报告(2014)
著(编)者:基金会中心网 2014年8月出版 / 定价:88.00元

金融监管蓝皮书
中国金融监管报告(2014)
著(编)者:胡滨 2014年5月出版 / 定价:69.00元

金融蓝皮书
中国商业银行竞争力报告(2014)
著(编)者:王松奇 2014年11月出版 / 估价:79.00元

金融蓝皮书
中国金融发展报告(2014)
著(编)者:李扬 王国刚 2013年12月出版 / 定价:65.00元

金融信息服务蓝皮书
金融信息服务业发展报告(2014)
著(编)者:鲁广锦 2014年11月出版 / 估价:69.00元

抗衰老医学蓝皮书
抗衰老医学发展报告（2014）
著(编)者：罗伯特·高德曼 罗纳德·科莱兹
尼尔·布什 朱敏 金大鹏 郭弋
2014年11月出版 / 估价：69.00元

客车蓝皮书
中国客车产业发展报告（2014）
著(编)者：姚蔚　2014年12月出版 / 估价：69.00元

科学传播蓝皮书
中国科学传播报告（2013~2014）
著(编)者：詹正茂　2014年7月出版 / 定价：69.00元

流通蓝皮书
中国商业发展报告（2013~2014）
著(编)者：荆林波　2014年5月出版 / 定价：89.00元

临空经济蓝皮书
中国临空经济发展报告（2014）
著(编)者：连玉明　2014年9月出版 / 估价：69.00元

旅游安全蓝皮书
中国旅游安全报告（2014）
著(编)者：郑向敏 谢朝武　2014年5月出版 / 定价：98.00元

旅游绿皮书
2013~2014年中国旅游发展分析与预测
著(编)者：宋瑞　2014年9月出版 / 定价：79.00元

民营医院蓝皮书
中国民营医院发展报告（2014）
著(编)者：朱幼棣　2014年10月出版 / 估价：69.00元

闽商蓝皮书
闽商发展报告（2014）
著(编)者：李闽榕 王日根　2014年12月出版 / 估价：69.00元

能源蓝皮书
中国能源发展报告（2014）
著(编)者：崔民选 王军生 陈义和
2014年8月出版 / 定价：79.00元

农产品流通蓝皮书
中国农产品流通产业发展报告（2014）
著(编)者：贾敬敦 王炳南 张玉玺 张鹏毅 陈丽华
2014年9月出版 / 估价：89.00元

期货蓝皮书
中国期货市场发展报告（2014）
著(编)者：荆林波　2014年6月出版 / 估价：98.00元

企业蓝皮书
中国企业竞争力报告（2014）
著(编)者：金碚　2014年11月出版 / 估价：89.00元

汽车安全蓝皮书
中国汽车安全发展报告（2014）
著(编)者：中国汽车技术研究中心
2014年4月出版 / 估价：79.00元

汽车蓝皮书
中国汽车产业发展报告（2014）
著(编)者：国务院发展研究中心产业经济研究部
中国汽车工程学会 大众汽车集团（中国）
2014年7月出版 / 定价：128.00元

清洁能源蓝皮书
国际清洁能源发展报告（2014）
著(编)者：国际清洁能源论坛（澳门）
2014年9月出版 / 估价：89.00元

群众体育蓝皮书
中国群众体育发展报告（2014）
著(编)者：刘国永 杨桦　2014年8月出版 / 定价：69.00元

人力资源蓝皮书
中国人力资源发展报告（2014）
著(编)者：吴江　2014年9月出版 / 估价：69.00元

软件和信息服务业蓝皮书
中国软件和信息服务业发展报告（2014）
著(编)者：洪京一 工业和信息化部电子科学技术情报研究所
2014年11月出版 / 估价：98.00元

商会蓝皮书
中国商会发展报告 No.4（2014）
著(编)者：黄孟复　2014年9月出版 / 估价：59.00元

上市公司蓝皮书
中国上市公司非财务信息披露报告（2014）
著(编)者：钟宏武 张旺 张蒽 等
2014年12月出版 / 估价：59.00元

食品药品蓝皮书
食品药品安全与监管政策研究报告（2014）
著(编)者：唐民皓　2014年11月出版 / 估价：69.00元

世界旅游城市绿皮书
世界旅游城市发展报告（2013）（中英文双语）
著(编)者：周正宇 鲁勇　2014年6月出版 / 定价：88.00元

世界能源蓝皮书
世界能源发展报告（2014）
著(编)者：黄晓勇　2014年6月出版 / 定价：99.00元

私募市场蓝皮书
中国私募股权市场发展报告（2014）
著(编)者：曹和平　2014年9月出版 / 估价：69.00元

体育蓝皮书
中国体育产业发展报告（2014）
著(编)者：阮伟 钟秉枢　2014年7月出版 / 定价：69.00元

体育蓝皮书·公共体育服务
中国公共体育服务发展报告（2014）
著(编)者：戴健　2014年12月出版 / 估价：69.00元

投资蓝皮书
中国企业海外投资发展报告（2013~2014）
著(编)者：陈文晖 薛誉华　2014年9月出版 / 定价：69.00元

物联网蓝皮书
中国物联网发展报告（2014）
著(编)者：龚六堂　2014年9月出版／估价：59.00元

西部工业蓝皮书
中国西部工业发展报告（2014）
著(编)者：方行明　刘方健　姜凌等
2014年9月出版／估价：69.00元

西部金融蓝皮书
中国西部金融发展报告（2013~2014）
著(编)者：李忠民　2014年8月出版／定价：75.00元

新能源汽车蓝皮书
中国新能源汽车产业发展报告（2014）
著(编)者：中国汽车技术研究中心
　　　　　日产（中国）投资有限公司
　　　　　东风汽车有限公司
2014年8月出版／定价：69.00元

信托蓝皮书
中国信托投资报告（2014）
著(编)者：杨金龙　刘屹　2014年11月出版／估价：69.00元

信托市场蓝皮书
中国信托业市场报告（2013~2014）
著(编)者：李旸　2014年1月出版／定价：198.00元

信息化蓝皮书
中国信息化形势分析与预测（2014）
著(编)者：周宏仁　2014年8月出版／定价：98.00元

信用蓝皮书
中国信用发展报告（2014）
著(编)者：章政　田侃　2014年9月出版／估价：69.00元

休闲绿皮书
2014年中国休闲发展报告
著(编)者：刘德谦　唐兵　宋瑞
2014年11月出版／估价：59.00元

养老产业蓝皮书
中国养老产业发展报告（2013~2014年）
著(编)者：张车伟　2014年9月出版／估价：69.00元

移动互联网蓝皮书
中国移动互联网发展报告（2014）
著(编)者：官建文　2014年6月出版／定价：79.00元

医药蓝皮书
中国医药产业园战略发展报告（2013~2014）
著(编)者：裴长洪　房书亭　吴滌心
2014年3月出版／定价：89.00元

医药蓝皮书
中国药品市场报告（2014）
著(编)者：程锦锥　朱恒鹏　2014年12月出版／估价：79.00元

中国总部经济蓝皮书
中国总部经济发展报告（2013~2014）
著(编)者：赵弘　2014年5月出版／定价：79.00元

珠三角流通蓝皮书
珠三角商圈发展研究报告（2014）
著(编)者：王先庆　林至颖　2014年11月出版／定价：69.00元

住房绿皮书
中国住房发展报告（2013~2014）
著(编)者：倪鹏飞　2013年12月出版／定价：79.00元

资本市场蓝皮书
中国场外交易市场发展报告（2013~2014）
著(编)者：高峦　2014年8月出版／定价：79.00元

资产管理蓝皮书
中国资产管理行业发展报告（2014）
著(编)者：郑智　2014年7月出版／定价：79.00元

支付清算蓝皮书
中国支付清算发展报告（2014）
著(编)者：杨涛　2014年5月出版／定价：45.00元

中国上市公司蓝皮书
中国上市公司发展报告（2014）
著(编)者：许雄斌　张平　2014年9月出版／定价：98.00元

文化传媒类

传媒蓝皮书
中国传媒产业发展报告（2014）
著(编)者：崔保国　2014年4月出版／定价：98.00元

传媒竞争力蓝皮书
中国传媒国际竞争力研究报告（2014）
著(编)者：李本乾　2014年9月出版／估价：69.00元

创意城市蓝皮书
武汉市文化创意产业发展报告（2014）
著(编)者：张京成　黄永林　2014年10月出版／估价：69.00元

电视蓝皮书
中国电视产业发展报告（2014）
著(编)者：卢斌　2014年9月出版／估价：79.00元

电影蓝皮书
中国电影出版发展报告（2014）
著(编)者：卢斌　2014年9月出版／估价：79.00元

动漫蓝皮书
中国动漫产业发展报告（2014）
著(编)者：卢斌　郑玉明　牛兴侦　2014年7月出版／定价：79.00元

广电蓝皮书
中国广播电影电视发展报告（2014）
著(编)者: 杨明品　2014年7月出版 / 估价:98.00元

广告主蓝皮书
中国广告主营销传播趋势报告N0.8
著(编)者:中国传媒大学广告主研究所
　　　　中国广告主营销传播创新研究课题组
　　　　黄升民　杜国清　邵华冬等
2014年11月出版 / 估价:98.00元

国际传播蓝皮书
中国国际传播发展报告（2014）
著(编)者:胡正荣　李继东　姬德强
2014年7月出版 / 定价:89.00元

纪录片蓝皮书
中国纪录片发展报告（2014）
著(编)者:何苏六　2014年10月出版 / 估价:89.00元

两岸文化蓝皮书
两岸文化产业合作发展报告（2014）
著(编)者:胡惠林 李保宗　2014年7月出版 / 定价:79.00元

媒介与女性蓝皮书
中国媒介与女性发展报告（2014）
著(编)者:刘利群　2014年11月出版 / 估价:69.00元

全球传媒蓝皮书
全球传媒产业发展报告（2014）
著(编)者:胡正荣　2014年12月出版 / 估价:79.00元

视听新媒体蓝皮书
中国视听新媒体发展报告（2014）
著(编)者:庞井君　2014年11月出版 / 估价:148.00元

文化创新蓝皮书
中国文化创新报告（2014）No.5
著(编)者:于平　傅才武　2014年4月出版 / 定价:79.00元

文化科技蓝皮书
文化科技融合与创意城市发展报告（2014）
著(编)者:李凤亮　于平　2014年11月出版 / 估价:79.00元

文化蓝皮书
中国文化产业发展报告（2014）
著(编)者:张晓明　王家新　章建刚
2014年4月出版 / 定价:79.00元

文化蓝皮书
中国文化产业供需协调增长测评报（2014）
著(编)者:王亚楠　2014年2月出版 / 定价:79.00元

文化蓝皮书
中国城镇文化消费需求景气评价报告（2014）
著(编)者:王亚南　张晓明　祁述裕
2014年11月出版 / 估价:79.00元

文化蓝皮书
中国公共文化服务发展报告（2014）
著(编)者:于群　李国新　2014年10月出版 / 估价:98.00元

文化蓝皮书
中国文化消费需求景气评价报告（2014）
著(编)者:王亚南　张晓明　祁述裕　郝朴宁
2014年11月出版 / 估价:79.00元

文化蓝皮书
中国乡村文化消费需求景气评价报告（2014）
著(编)者:王亚南　2014年11月出版 / 估价:79.00元

文化蓝皮书
中国中心城市文化消费需求景气评价报告（2014）
著(编)者:王亚南　2014年11月出版 / 估价:79.00元

文化蓝皮书
中国少数民族文化发展报告（2014）
著(编)者:武翠英　张晓明　张学进
2014年11月出版 / 估价:69.00元

文化建设蓝皮书
中国文化发展报告（2013）
著(编)者:江畅　孙伟平　戴茂堂
2014年4月出版 / 定价:138.00元

文化品牌蓝皮书
中国文化品牌发展报告（2014）
著(编)者:欧阳友权　2014年4月出版 / 定价:79.00元

文化遗产蓝皮书
中国文化遗产事业发展报告（2014）
著(编)者:刘世锦　2014年9月出版 / 估价:79.00元

文学蓝皮书
中国文情报告（2013~2014）
著(编)者:白烨　2014年5月出版 / 定价:49.00元

新媒体蓝皮书
中国新媒体发展报告No.5（2014）
著(编)者:唐绪军　2014年6月出版 / 定价:79.00元

移动互联网蓝皮书
中国移动互联网发展报告（2014）
著(编)者:官建文　2014年6月出版 / 定价:79.00元

游戏蓝皮书
中国游戏产业发展报告（2014）
著(编)者:卢斌　2014年9月出版 / 估价:79.00元

舆情蓝皮书
中国社会舆情与危机管理报告（2014）
著(编)者:谢耘耕　2014年8月出版 / 定价:98.00元

粤港澳台文化蓝皮书
粤港澳台文化创意产业发展报告（2014）
著(编)者:丁未　2014年9月出版 / 估价:69.00元

地方发展类

安徽蓝皮书
安徽社会发展报告（2014）
著(编)者:程桦　2014年4月出版 / 定价:79.00元

安徽经济蓝皮书
皖江城市带承接产业转移示范区建设报告（2014）
著(编)者:丁海中　2014年4月出版 / 定价:69.00元

安徽社会建设蓝皮书
安徽社会建设分析报告（2014）
著(编)者:黄家海　王开玉　蔡宪　2014年9月出版 / 估价:69.00元

北京蓝皮书
北京公共服务发展报告（2013~2014）
著(编)者:施昌奎　2014年2月出版 / 定价:69.00元

北京蓝皮书
北京经济发展报告（2013~2014）
著(编)者:杨松　2014年4月出版 / 定价:79.00元

北京蓝皮书
北京社会发展报告（2013~2014）
著(编)者:缪青　2014年5月出版 / 定价:79.00元

北京蓝皮书
北京社会治理发展报告（2013~2014）
著(编)者:殷星辰　2014年4月出版 / 定价:79.00元

北京蓝皮书
中国社区发展报告（2013~2014）
著(编)者:于燕燕　2014年6月出版 / 定价:69.00元

北京蓝皮书
北京文化发展报告（2013~2014）
著(编)者:李建盛　2014年4月出版 / 定价:79.00元

北京旅游绿皮书
北京旅游发展报告（2014）
著(编)者:北京旅游学会　2014年7月出版 / 定价:88.00元

北京律师蓝皮书
北京律师发展报告No.2（2014）
著(编)者:王隽　周塞军　2014年9月出版 / 估价:79.00元

北京人才蓝皮书
北京人才发展报告（2014）
著(编)者:于淼　2014年10月出版 / 估价:89.00元

北京社会心态蓝皮书
北京社会心态分析报告（2013~2014）
著(编)者:北京社会心理研究所
2014年9月出版 / 估价:79.00元

城乡一体化蓝皮书
中国城乡一体化发展报告·北京卷（2014）
著(编)者:张宝秀　黄序　2014年11月出版 / 定价:79.00元

创意城市蓝皮书
北京文化创意产业发展报告（2014）
著(编)者:张京成　王国华　2014年10月出版 / 估价:69.00元

创意城市蓝皮书
重庆创意产业发展报告（2014）
著(编)者:程宁宁　2014年4月出版 / 定价:89.00元

创意城市蓝皮书
青岛文化创意产业发展报告（2013~2014）
著(编)者:马达　张丹妮　2014年6月出版 / 定价:79.00元

创意城市蓝皮书
无锡文化创意产业发展报告（2014）
著(编)者:庄若江　张鸣年　2014年11月出版 / 估价:75.00元

服务业蓝皮书
广东现代服务业发展报告（2014）
著(编)者:祁明　程晓　2014年11月出版 / 估价:69.00元

甘肃蓝皮书
甘肃舆情分析与预测（2014）
著(编)者:陈双梅　郝树声　2014年1月出版 / 定价:69.00元

甘肃蓝皮书
甘肃县域经济综合竞争力报告（2014）
著(编)者:刘进军　2014年1月出版 / 定价:69.00元

甘肃蓝皮书
甘肃县域社会发展评价报告（2014）
著(编)者:魏胜文　2014年9月出版 / 估价:69.00元

甘肃蓝皮书
甘肃经济发展分析与预测（2014）
著(编)者:朱智文　罗哲　2014年1月出版 / 定价:69.00元

甘肃蓝皮书
甘肃社会发展分析与预测（2014）
著(编)者:安文华　包晓霞　2014年1月出版 / 定价:69.00元

甘肃蓝皮书
甘肃文化发展分析与预测（2014）
著(编)者:王福生　周小华　2014年1月出版 / 定价:69.00元

广东蓝皮书
广东省电子商务发展报告（2014）
著(编)者:黄建明　祁明　2014年11月出版 / 估价:69.00元

广东蓝皮书
广东社会工作发展报告（2014）
著(编)者:罗观翠　2014年6月出版 / 定价:89.00元

广东外经贸蓝皮书
广东对外经济贸易发展研究报告（2014）
著(编)者:陈万灵　2014年6月出版 / 定价:79.00元

广西北部湾经济区蓝皮书
广西北部湾经济区开放开发报告（2014）
著(编)者:广西北部湾经济区规划建设管理委员会办公室
　　　　广西社会科学院 广西北部湾发展研究院
2014年11月出版 / 估价:69.00元

广州蓝皮书
2014年中国广州经济形势分析与预测
著(编)者:庾建设 沈奎 郭志勇 2014年6月出版 / 定价:79.00元

广州蓝皮书
2014年中国广州社会形势分析与预测
著(编)者:张强 陈怡霓 　2014年5月出版 / 定价:69.00元

广州蓝皮书
广州城市国际化发展报告（2014）
著(编)者:朱名宏 　2014年9月出版 / 估价:59.00元

广州蓝皮书
广州创新型城市发展报告（2014）
著(编)者:李江涛 　2014年7月出版 / 定价:69.00元

广州蓝皮书
广州经济发展报告（2014）
著(编)者:李江涛 朱名宏 　2014年5月出版 / 定价:69.00元

广州蓝皮书
广州农村发展报告（2014）
著(编)者:李江涛 汤锦华 　2014年8月出版 / 定价:69.00元

广州蓝皮书
广州青年发展报告（2014）
著(编)者:魏国华 张强 　2014年9月出版 / 估价:65.00元

广州蓝皮书
广州汽车产业发展报告（2014）
著(编)者:李江涛 　2014年10月出版 / 估价:69.00元

广州蓝皮书
广州商贸业发展报告（2014）
著(编)者:李江涛 王旭东 荀振英
2014年6月出版 / 定价:69.00元

广州蓝皮书
广州文化创意产业发展报告（2014）
著(编)者:甘新 　2014年8月出版 / 定价:79.00元

广州蓝皮书
中国广州城市建设发展报告（2014）
著(编)者:董皞 冼伟雄 李俊夫
2014年11月出版 / 估价:69.00元

广州蓝皮书
中国广州科技和信息化发展报告（2014）
著(编)者:邹采荣 马正勇 冯元 2014年7月出版 / 定价:79.00元

广州蓝皮书
中国广州文化创意产业发展报告（2014）
著(编)者:甘新 　2014年10月出版 / 估价:59.00元

广州蓝皮书
中国广州文化发展报告（2014）
著(编)者:徐俊忠 陆志强 顾涧清
2014年6月出版 / 定价:69.00元

广州蓝皮书
中国广州城市建设与管理发展报告（2014）
著(编)者:董皞 冯伟雄 2014年7月出版 / 定价:69.00元

贵州蓝皮书
贵州法治发展报告（2014）
著(编)者:吴大华 2014年3月出版 / 定价:69.00元

贵州蓝皮书
贵州人才发展报告（2014）
著(编)者:于杰 吴大华 　2014年3月出版 / 定价:69.00元

贵州蓝皮书
贵州社会发展报告（2014）
著(编)者:王兴骥 2014年3月出版 / 定价:69.00元

贵州蓝皮书
贵州农村扶贫开发报告（2014）
著(编)者:王朝新 宋明 　2014年9月出版 / 估价:69.00元

贵州蓝皮书
贵州文化产业发展报告（2014）
著(编)者:李建国 2014年9月出版 / 估价:69.00元

海淀蓝皮书
海淀区文化和科技融合发展报告（2014）
著(编)者:陈名杰 孟景伟 2014年11月出版 / 估价:75.00元

海峡西岸蓝皮书
海峡西岸经济区发展报告（2014）
著(编)者:福建省人民政府发展研究中心
2014年9月出版 / 估价:85.00元

杭州蓝皮书
杭州妇女发展报告（2014）
著(编)者:魏颖 2014年6月出版 / 定价:75.00元

杭州都市圈蓝皮书
杭州都市圈发展报告（2014）
著(编)者:董祖德 沈翔 　2014年5月出版 / 定价:89.00元

河北经济蓝皮书
河北省经济发展报告（2014）
著(编)者:马树强 金浩 张贵 　2014年4月出版 / 定价:79.00元

河北蓝皮书
河北经济社会发展报告（2014）
著(编)者:周文夫 2014年1月出版 / 定价:69.00元

河南经济蓝皮书
2014年河南经济形势分析与预测
著(编)者:胡五岳 2014年3月出版 / 定价:69.00元

河南蓝皮书

2014年河南社会形势分析与预测
著(编)者:刘道兴 牛苏林　2014年1月出版 / 定价:69.00元

河南蓝皮书
河南城市发展报告（2014）
著(编)者:谷建全 王建国　2014年1月出版 / 定价:59.00元

河南蓝皮书
河南法治发展报告（2014）
著(编)者:丁同民 闫德民　2014年3月出版 / 定价:69.00元

河南蓝皮书
河南金融发展报告（2014）
著(编)者:喻新安 谷建全　2014年4月出版 / 定价:69.00元

河南蓝皮书
河南经济发展报告（2014）
著(编)者:喻新安　2013年12月出版 / 定价:69.00元

河南蓝皮书
河南文化发展报告（2014）
著(编)者:卫绍生　2014年1月出版 / 定价:69.00元

河南蓝皮书
河南工业发展报告（2014）
著(编)者:龚绍东　2014年1月出版 / 定价:69.00元

河南蓝皮书
河南商务发展报告（2014）
著(编)者:焦锦淼 穆荣国　2014年5月出版 / 定价:88.00元

黑龙江产业蓝皮书
黑龙江产业发展报告（2014）
著(编)者:于渤　2014年10月出版 / 估价:79.00元

黑龙江蓝皮书
黑龙江经济发展报告（2014）
著(编)者:张新颖　2014年1月出版 / 定价:69.00元

黑龙江蓝皮书
黑龙江社会发展报告（2014）
著(编)者:艾书琴　2014年1月出版 / 定价:69.00元

湖南城市蓝皮书
城市社会管理
著(编)者:罗海藩　2014年10月出版 / 估价:59.00元

湖南蓝皮书
2014年湖南产业发展报告
著(编)者:梁志峰　2014年4月出版 / 定价:128.00元

湖南蓝皮书
2014年湖南电子政务发展报告
著(编)者:梁志峰　2014年4月出版 / 定价:128.00元

湖南蓝皮书
2014年湖南法治发展报告
著(编)者:梁志峰　2014年9月出版 / 估价:79.00元

湖南蓝皮书
2014年湖南经济展望
著(编)者:梁志峰　2014年4月出版 / 定价:128.00元

湖南蓝皮书
2014年湖南两型社会发展报告
著(编)者:梁志峰　2014年4月出版 / 定价:128.00元

湖南蓝皮书
2014年湖南社会发展报告
著(编)者:梁志峰　2014年4月出版 / 定价:128.00元

湖南蓝皮书
2014年湖南县域经济社会发展报告
著(编)者:梁志峰　2014年4月出版 / 定价:128.00元

湖南县域绿皮书
湖南县域发展报告No.2
著(编)者:朱有志 袁准 周小毛　2014年11月出版 / 估价:69.00元

沪港蓝皮书
沪港发展报告（2014）
著(编)者:尤安山　2014年9月出版 / 估价:89.00元

吉林蓝皮书
2014年吉林经济社会形势分析与预测
著(编)者:马克　2014年1月出版 / 定价:79.00元

济源蓝皮书
济源经济社会发展报告（2014）
著(编)者:喻新安　2014年4月出版 / 定价:69.00元

江苏法治蓝皮书
江苏法治发展报告No.3（2014）
著(编)者:李力 龚廷泰　2014年11月出版 / 估价:88.00元

京津冀蓝皮书
京津冀发展报告（2014）
著(编)者:文魁 祝尔娟　2014年3月出版 / 定价:79.00元

经济特区蓝皮书
中国经济特区发展报告（2013）
著(编)者:陶一桃　2014年4月出版 / 定价:89.00元

辽宁蓝皮书
2014年辽宁经济社会形势分析与预测
著(编)者:曹晓峰 张晶　2014年1月出版 / 定价:79.00元

流通蓝皮书
湖南省商贸流通产业发展报告No.2
著(编)者:柳思维　2014年10月出版 / 估价:75.00元

内蒙古蓝皮书
内蒙古反腐倡廉建设报告No.1
著(编)者:张志华 无极　2013年12月出版 / 定价:69.00元

浦东新区蓝皮书
上海浦东经济发展报告（2014）
著(编)者:沈开艳 陆沪根　2014年1月出版 / 估价:59.00元

侨乡蓝皮书
中国侨乡发展报告（2014）
著（编）者：郑一省　2014年9月出版 / 估价:69.00元

青海蓝皮书
2014年青海经济社会形势分析与预测
著（编）者：赵宗福　2014年2月出版 / 定价:69.00元

人口与健康蓝皮书
深圳人口与健康发展报告（2014）
著（编）者：陆杰华　江捍平　2014年10月出版 / 估价:98.00元

山东蓝皮书
山东经济形势分析与预测（2014）
著（编）者：张华　唐洲雁　2014年6月出版 / 定价:89.00元

山东蓝皮书
山东社会形势分析与预测（2014）
著（编）者：张华　唐洲雁　2014年6月出版 / 定价:89.00元

山东蓝皮书
山东文化发展报告（2014）
著（编）者：张华　唐洲雁　2014年6月出版 / 定价:98.00元

山西蓝皮书
山西资源型经济转型发展报告（2014）
著（编）者：李志强　2014年5月出版 / 定价:98.00元

陕西蓝皮书
陕西经济发展报告（2014）
著（编）者：任宗哲　石英　裴成荣　2014年2月出版 / 定价:69.00元

陕西蓝皮书
陕西社会发展报告（2014）
著（编）者：任宗哲　石英　牛昉　2014年2月出版 / 定价:65.00元

陕西蓝皮书
陕西文化发展报告（2014）
著（编）者：任宗哲　石英　王长寿　2014年3月出版 / 定价:59.00元

陕西蓝皮书
丝绸之路经济带发展报告（2014）
著（编）者：任宗哲　石英　白宽犁　2014年8月出版 / 定价:79.00元

上海蓝皮书
上海传媒发展报告（2014）
著（编）者：强荧　焦雨虹　2014年1月出版 / 定价:79.00元

上海蓝皮书
上海法治发展报告（2014）
著（编）者：叶青　2014年4月出版 / 定价:69.00元

上海蓝皮书
上海经济发展报告（2014）
著（编）者：沈开艳　2014年1月出版 / 定价:69.00元

上海蓝皮书
上海社会发展报告（2014）
著（编）者：卢汉龙　周海旺　2014年1月出版 / 定价:69.00元

上海蓝皮书
上海文化发展报告（2014）
著（编）者：蒯大申　2014年1月出版 / 定价:69.00元

上海蓝皮书
上海文学发展报告（2014）
著（编）者：陈圣来　2014年1月出版 / 定价:69.00元

上海蓝皮书
上海资源环境发展报告（2014）
著（编）者：周冯琦　汤庆合　任文伟
2014年1月出版 / 定价:69.00元

上饶蓝皮书
上饶发展报告（2013~2014）
著（编）者：朱寅健　2014年3月出版 / 定价:128.00元

社会建设蓝皮书
2014年北京社会建设分析报告
著（编）者：宋贵伦　冯虹　2014年7月出版 / 定价:79.00元

深圳蓝皮书
深圳经济发展报告（2014）
著（编）者：张骁儒　2014年7月出版 / 定价:79.00元

深圳蓝皮书
深圳劳动关系发展报告（2014）
著（编）者：汤庭芬　2014年6月出版 / 定价:75.00元

深圳蓝皮书
深圳社会发展报告（2014）
著（编）者：吴忠　余智晟　2014年11月出版 / 估价:69.00元

深圳蓝皮书
深圳社会建设与发展报告（2014）
著（编）者：叶民辉　张骁儒　2014年7月出版 / 定价:89.00元

四川蓝皮书
四川文化产业发展报告（2014）
著（编）者：侯水平　2014年2月出版 / 定价:69.00元

四川蓝皮书
四川企业社会责任研究报告（2014）
著（编）者：侯水平　盛毅　2014年4月出版 / 定价:79.00元

温州蓝皮书
2014年温州经济社会形势分析与预测
著（编）者：潘忠强　王春光　金浩　2014年4月出版 / 定价:69.

温州蓝皮书
浙江温州金融综合改革试验区发展报告（2013~2
著（编）者：钱水土　王去非　李义超
2014年9月出版 / 估价:69.00元

扬州蓝皮书
扬州经济社会发展报告（2014）
著(编)者:张爱军　2014年9月出版 / 估价:78.00元

义乌蓝皮书
浙江义乌市国际贸易综合改革试验区发展报告
（2013~2014）
著(编)者:马淑琴 刘文革 周松强
2014年9月出版 / 估价:69.00元

云南蓝皮书
中国面向西南开放重要桥头堡建设发展报告（2014）
著(编)者:刘绍怀　2014年12月出版 / 估价:69.00元

长株潭城市群蓝皮书
长株潭城市群发展报告（2014）
著(编)者:张萍　2014年10月出版 / 估价:69.00元

郑州蓝皮书
2014年郑州文化发展报告
著(编)者:王哲　2014年11月出版 / 估价:69.00元

国别与地区类

G20国家创新竞争力黄皮书
二十国集团（G20）国家创新竞争力发展报告（2014）
著(编)者:李建平 李闽榕 赵新力
2014年9月出版 / 估价:118.00元

阿拉伯黄皮书
阿拉伯发展报告（2013~2014）
著(编)者:马晓霖　2014年4月出版 / 定价:79.00元

澳门蓝皮书
澳门经济社会发展报告（2013~2014）
著(编)者:吴志良 郝雨凡　2014年4月出版 / 定价:79.00元

北部湾蓝皮书
泛北部湾合作发展报告（2014）
著(编)者:吕余生　2014年11月出版 / 估价:79.00元

大湄公河次区域蓝皮书
大湄公河次区域合作发展报告（2014）
著(编)者:刘稚　2014年11月出版 / 估价:79.00元

大洋洲蓝皮书
大洋洲发展报告（2013~2014）
著(编)者:喻常森　2014年8月出版 / 定价:89.00元

德国蓝皮书
德国发展报告（2014）
著(编)者:郑春荣 伍慧萍 等　2014年6月出版 / 定价:69.00元

东北亚黄皮书
东北亚地区政治与安全报告（2014）
著(编)者:黄凤志 刘雪莲　2014年11月出版 / 估价:69.00元

东盟黄皮书
东盟发展报告（2013）
著(编)者:崔晓麟　2014年5月出版 / 定价:75.00元

东南亚蓝皮书
东南亚地区发展报告（2013~2014）
著(编)者:王勤　2014年4月出版 / 定价:79.00元

俄罗斯黄皮书
俄罗斯发展报告（2014）
著(编)者:李永全　2014年7月出版 / 估价:79.00元

非洲黄皮书
非洲发展报告No.16（2013~2014）
著(编)者:张宏明　2014年7月出版 / 定价:79.00元

国际形势黄皮书
全球政治与安全报告（2014）
著(编)者:李慎明 张宇燕　2014年1月出版 / 定价:69.00元

韩国蓝皮书
韩国发展报告（2014）
著(编)者:牛林杰 刘宝全　2014年11月出版 / 估价:69.00元

加拿大蓝皮书
加拿大发展报告（2014）
著(编)者:仲伟合　2014年4月出版 / 定价:89.00元

柬埔寨蓝皮书
柬埔寨国情报告（2014）
著(编)者:毕世鸿　2014年11月出版 / 估价:79.00元

拉美黄皮书
拉丁美洲和加勒比发展报告（2013~2014）
著(编)者:吴白乙　2014年4月出版 / 定价:89.00元

老挝蓝皮书
老挝国情报告（2014）
著(编)者:卢光盛 方芸 吕星　2014年11月出版 / 估价:79.00元

美国蓝皮书
美国研究报告（2014）
著(编)者:黄平 郑秉文　2014年7月出版 / 定价:89.00元

缅甸蓝皮书
缅甸国情报告（2014）
著(编)者:李晨阳　2014年8月出版 / 定价:79.00元

欧洲蓝皮书
欧洲发展报告（2013~2014）
著(编)者:周弘　2014年6月出版 / 定价:89.00元

葡语国家蓝皮书
巴西发展与中巴关系报告2014（中英文）
著(编)者:张曙光 David T. Ritchie
2014年11月出版 / 估价:69.00元

日本经济蓝皮书
日本经济与中日经贸关系研究报告（2014）
著(编)者:王洛林 张季风　2014年5月出版 / 定价:79.00元

日本蓝皮书
日本发展报告（2014）
著(编)者:李薇　2014年3月出版 / 定价:69.00元

上海合作组织黄皮书
上海合作组织发展报告（2014）
著(编)者:李进峰 吴宏伟 李伟　2014年9月出版 / 定价:89.00元

世界创新竞争力黄皮书
世界创新竞争力发展报告（2014）
著(编)者:李建平　2014年9月出版 / 估价:148.00元

世界社会主义黄皮书
世界社会主义跟踪研究报告（2013~2014）
著(编)者:李慎明　2014年3月出版 / 定价:198.00元

泰国蓝皮书
泰国国情报告（2014）
著(编)者:邹春萌　2014年11月出版 / 估价:79.00元

土耳其蓝皮书
土耳其发展报告（2014）
著(编)者:郭长刚 刘义　2014年9月出版 / 定价:89.00元

亚太蓝皮书
亚太地区发展报告（2014）
著(编)者:李向阳　2014年1月出版 / 定价:59.00元

印度蓝皮书
印度国情报告（2012~2013）
著(编)者:吕昭义　2014年5月出版 / 定价:89.00元

印度洋地区蓝皮书
印度洋地区发展报告（2014）
著(编)者:汪戎　2014年3月出版 / 定价:79.00元

中东黄皮书
中东发展报告No.15（2014）
著(编)者:杨光　2014年10月出版 / 估价:59.00元

中欧关系蓝皮书
中欧关系研究报告（2014）
著(编)者:周弘　2013年12月出版 / 定价:98.00元

中亚黄皮书
中亚国家发展报告（2014）
著(编)者:孙力 吴宏伟　2014年9月出版 / 定价:89.00元

皮书大事记

☆ 2014年8月，第十五次全国皮书年会（2014）在贵阳召开，第五届优秀皮书奖颁发，本届开始皮书及报告将同时评选。

☆ 2013年6月，依据《中国社会科学院皮书资助规定（试行）》公布2013年拟资助的40种皮书名单。

☆ 2012年12月，《中国社会科学院皮书资助规定（试行）》由中国社会科学院科研局正式颁布实施。

☆ 2011年，部分重点皮书纳入院创新工程。

☆ 2011年8月，2011年皮书年会在安徽合肥举行，这是皮书年会首次由中国社会科学院主办。

☆ 2011年2月，"2011年全国皮书研讨会"在北京京西宾馆举行。王伟光院长（时任常务副院长）出席并讲话。本次会议标志着皮书及皮书研创出版从一个具体出版单位的出版产品和出版活动上升为由中国社会科学院牵头的国家哲学社会科学智库产品和创新活动。

☆ 2010年9月，"2010年中国经济社会形势报告会暨第十一次全国皮书工作研讨会"在福建福州举行，高全立副院长参加会议并做学术报告。

☆ 2010年9月，皮书学术委员会成立，由我院李扬副院长领衔，并由在各个学科领域有一定的学术影响力、了解皮书编创出版并持续关注皮书品牌的专家学者组成。皮书学术委员会的成立为进一步提高皮书这一品牌的学术质量、为学术界构建一个更大的学术出版与学术推广平台提供了专家支持。

☆ 2009年8月，"2009年中国经济社会形势分析与预测暨第十次皮书工作研讨会"在辽宁丹东举行。李扬副院长参加本次会议，本次会议颁发了首届优秀皮书奖，我院多部皮书获奖。

社会科学文献出版社
SOCIAL SCIENCES ACADEMIC PRESS (CHINA)

社会科学文献出版社成立于1985年，是直属于中国社会科学院的人文社会科学专业学术出版机构。

成立以来，特别是1998年实施第二次创业以来，依托于中国社会科学院丰厚的学术出版和专家学者两大资源，坚持"创社科经典，出传世文献"的出版理念和"权威、前沿、原创"的产品定位，社科文献立足内涵式发展道路，从战略层面推动学术出版的五大能力建设，逐步走上了学术产品的系列化、规模化、数字化、国际化、市场化经营道路。

先后策划出版了著名的图书品牌和学术品牌"皮书"系列、"列国志"、"社科文献精品译库"、"中国史话"、"全球化译丛"、"气候变化与人类发展译丛""近世中国"等一大批既有学术影响又有市场价值的系列图书。形成了较强的学术出版能力和资源整合能力，年发稿3.5亿字，年出版新书1200余种，承印发行中国社科院院属期刊近70种。

2012年，《社会科学文献出版社学术著作出版规范》修订完成。同年10月，社会科学文献出版社参加了由新闻出版总署召开加强学术著作出版规范座谈会，并代表50多家出版社发起实施学术著作出版规范的倡议。2013年，社会科学文献出版社参与新闻出版总署学术著作规范国家标准的起草工作。

依托于雄厚的出版资源整合能力，社会科学文献出版社长期以来一直致力于从内容资源和数字平台两个方面实现传统出版的再造，并先后推出了皮书数据库、列国志数据库、中国田野调查数据库等一系列数字产品。

在国内原创著作、国外名家经典著作大量出版，数字出版突飞猛进的同时，社会科学文献出版社在学术出版国际化方面也取得了不俗的成绩。先后与荷兰博睿等十余家国际出版机构合作面向海外推出了《经济蓝皮书》《社会蓝皮书》等十余种皮书的英文版、俄文版、日文版等。

此外，社会科学文献出版社积极与中央和地方各类媒体合作，联合大型书店、学术书店、机场书店、网络书店、图书馆，逐步构建起了强大的学术图书的内容传播力和社会影响力，学术图书的媒体曝光率居全国之首，图书馆藏率居于全国出版机构前十位。

作为已经开启第三次创业梦想的人文社会科学学术出版机构，社会科学文献出版社结合社会需求、自身的条件以及行业发展，提出了新的创业目标：精心打造人文社会科学成果推广平台，发展成为一家集图书、期刊、声像电子和数字出版物为一体，面向海内外高端读者和客户，具备独特竞争力的人文社会科学内容资源供应商和海内外知名的专业学术出版机构。

中国皮书网

发布皮书研创资讯，传播皮书精彩内容
引领皮书出版潮流，打造皮书服务平台

栏目设置：

- ☐ 资讯：皮书动态、皮书观点、皮书数据、 皮书报道、皮书新书发布会、电子期刊
- ☐ 标准：皮书评价、皮书研究、皮书规范、皮书专家、编撰团队
- ☐ 服务：最新皮书、皮书书目、重点推荐、在线购书
- ☐ 链接：皮书数据库、皮书博客、皮书微博、出版社首页、在线书城
- ☐ 搜索：资讯、图书、研究动态
- ☐ 互动：皮书论坛

www.pishu.cn

中国皮书网依托皮书系列"权威、前沿、原创"的优质内容资源，通过文字、图片、音频、视频等多种元素，在皮书研创者、使用者之间搭建了一个成果展示、资源共享的互动平台。

自2005年12月正式上线以来，中国皮书网的IP访问量、PV浏览量与日俱增，受到海内外研究者、公务人员、商务人士以及专业读者的广泛关注。

2008年10月，中国皮书网获得"最具商业价值网站"称号。

2011年全国新闻出版网站年会上，中国皮书网被授予"2011最具商业价值网站"荣誉称号。

权威报告　热点资讯　海量资源

当代中国与世界发展的高端智库平台

皮书数据库 www.pishu.com.cn

皮书数据库是专业的人文社会科学综合学术资源总库，以大型连续性图书——皮书系列为基础，整合国内外相关资讯构建而成。包含七大子库，涵盖两百多个主题，囊括了近十几年间中国与世界经济社会发展报告，覆盖经济、社会、政治、文化、教育、国际问题等多个领域。

皮书数据库以篇章为基本单位，方便用户对皮书内容的阅读需求。用户可进行全文检索，也可对文献题目、内容提要、作者名称、作者单位、关键字等基本信息进行检索，还可对检索到的篇章再作二次筛选，进行在线阅读或下载阅读。智能多维度导航，可使用户根据自己熟知的分类标准进行分类导航筛选，使查找和检索更高效、便捷。

权威的研究报告，独特的调研数据，前沿的热点资讯，皮书数据库已发展成为国内最具影响力的关于中国与世界现实问题研究的成果库和资讯库。

皮书俱乐部会员服务指南

1. 谁能成为皮书俱乐部会员？

- 皮书作者自动成为皮书俱乐部会员；
- 购买皮书产品（纸质图书、电子书、皮书数据库充值卡）的个人用户。

2. 会员可享受的增值服务：

- 免费获赠该纸质图书的电子书；
- 免费获赠皮书数据库100元充值卡；
- 免费定期获赠皮书电子期刊；
- 优先参与各类皮书学术活动；
- 优先享受皮书产品的最新优惠。

阅读卡

3. 如何享受皮书俱乐部会员服务？

（1）如何免费获得整本电子书？

购买纸质图书后，将购书信息特别是书后附赠的卡号和密码通过邮件形式发送到 pishu@188.com，我们将验证您的信息，通过验证并成功注册后即可获得该本皮书的电子书。

（2）如何获赠皮书数据库100元充值卡？

第1步：刮开附赠卡的密码涂层（左下）；

第2步：登录皮书数据库网站（www.pishu. com.cn），注册成为皮书数据库用户，注册时请提供您的真实信息，以便您获得皮书俱乐部会员服务；

第3步：注册成功后登录，点击进入"会员中心"；

第4步：点击"在线充值"，输入正确的卡号和密码即可使用。

皮书俱乐部会员可享受社会科学文献出版社其他相关免费增值服务

您有任何疑问，均可拨打服务电话：010-59367227　QQ:1924151860

欢迎登录社会科学文献出版社官网(www.ssap.com.cn)和中国皮书网（www.pishu.cn）了解更多信息